》数/学/家/传/奇/丛/书《
主编：杜瑞芝

数学王子

——高斯

徐品方 ◇ 著

哈尔滨工业大学出版社
HARBIN INSTITUTE OF TECHNOLOGY PRESS

内容简介

本书主要介绍了德国著名数学家、物理学家、天文学家、大地测量家高斯的传奇人生。本书以当时的时代为背景详细描述了高斯的成长经历。着重叙述了高斯在数学方面的伟大成就。本书内容励志,适合所有人阅读。

本书史料翔实,写的深入浅出,通俗易懂,可供广大青少年及对数学史感兴趣的读者阅读。

图书在版编目(CIP)数据

数学王子——高斯/徐品方著. —哈尔滨:哈尔滨工业大学出版社,2018.2(2020.9 重印)
(数学家传奇丛书)
ISBN 978-7-5603-6757-6

Ⅰ.①数… Ⅱ.①徐… Ⅲ.①高斯(Gauss,Johann Carl Friedrich 1777-1855)-传记 Ⅳ.①K835.166.11

中国版本图书馆 CIP 数据核字(2017)第 158214 号

策划编辑	刘培杰 张永芹	
责任编辑	张永芹 邵长玲	
封面设计	孙茵艾	
出版发行	哈尔滨工业大学出版社	
社　　址	哈尔滨市南岗区复华四道街 10 号　邮编 150006	
传　　真	0451-86414749	
网　　址	http://hitpress.hit.edu.cn	
印　　刷	三河市同力彩印有限公司	
开　　本	787mm×960mm　1/32　印张 9.125　字数 135 千字	
版　　次	2018 年 2 月第 1 版　2020 年 9 月第 5 次印刷	
书　　号	ISBN 978-7-5603-6757-6	
定　　价	48.00 元	

(如因印装质量问题影响阅读,我社负责调换)

数学是科学的女皇,算术是数学的女皇。

——高斯

《数学家传奇丛书》编委会

主　　编　杜瑞芝
编　　委　（以姓氏汉语拼音为序）
　　　　　杜瑞芝　荆玉成　孔国平
　　　　　李　莉　李旭辉　卢介景
　　　　　孙宏安　徐品方　张秀嫒
　　　　　朱见平

序　言

我与杜瑞芝教授是多年的朋友。她受教于梁宗巨先生,专长为世界数学史研究,著作多多。她主编的一本《数学史辞典》,是我常用的工具书。进入新世纪,我们陆续退休,联系就少了。不久前,她打电话到我在上海苏州河畔的寓所,邀我为她主编的《数学家传奇丛书》(新版)作序。老友相托,深感荣幸。

数学,是人类文明的火车头。人类文明的第一个高峰是希腊文明。从泰勒斯、毕达哥拉斯到欧几里得,数学理性文明大放异彩。柏拉图学园的门口"不懂几何学者不得入内"的告示,彰显了数学文明的地位。欧几里得的《几何原本》是仅次于《圣经》的印刷量最大的欧洲出版物。我国把徐光启和利玛窦翻译的《几何原本》作为近代理性文明的开始。人类文明的第二个高峰,是以牛顿为代表的数学和物理学所开辟的科学黄金时代。接着,电磁学方程、热力学方程、流体力学方程、拉普拉斯方程书写了第三个现代文明,而爱因斯坦方程的基础则是黎曼几何。开启今日信息时代文明的仍然是一群数学家,其中有提出电子计算机结构方案的冯·诺依曼,信息论的创始人尚农,控制论的奠基人维纳等。展望未来,人类文明正在迈入"大数据、互联网、人工智能"的新时代,数学在其中依然起着引领的作用。未来的人类社会,许多体力和脑力工作都将被机器人所承担,但是数学智慧是机器人不可能全部掌握的。数学将越来越引人瞩目。

  我在这里写数学之重要,是希望争取更多的读者,共同追寻数学的踪迹,研读数学家传记,汲取数学家人生的智慧经验,以迎接新时代的到来。在这套丛书里,展现了数学历史长河上一段又一段美妙的风景。丛书用 9 个数学家的传记,打开了从 19 世纪到 20 世纪数学发展的绚丽篇章。这些数学家的故事都是永恒难忘的经典,读后或令人掩卷深思,或令人拍案叫绝。总之,那会是一次领略数学智慧的阅读之旅。

康托尔的故事感人至深。他孤身一人,撞开了无限王国的大门。他给无限依大小排序,提出了基数论与序数论。那时,不但无人喝彩,倒招来一些非议。例如,无限集合中的部分可以等于全体,与常识相违。罗素提出的集合论悖论,让数学的天空布满乌云。"一切集合构成的集合"让人困惑不解。康托尔承受了重大的精神压力,抑郁大半生。但是,真理终于战胜了疑虑。时至今日,集合论的语言已经渗入到几乎所有的学科,包括中学相关学科。康托尔是人类精神世界里的战士、英雄和伟人,世人将会永远纪念他。

给我留下难忘印象的还有维纳的故事。这位控制论的奠基人,是一位神童。也许是因为思维过于敏捷,表述跟不上思维的速度,因而他讲课别人实在听不懂,不受欢迎。我醉心于他的是"反馈"概念的提出。原来他观察人去捡落在地上的铅笔,过程是脑指挥手接近铅笔,眼睛观察手与铅笔的距离和方向,并将数据反馈给大脑,大脑据此做出下一步给手的指令。反馈的概念,就这样成了控制论的基础。

如果说,康托尔的故事是告诉人们向未知进军需要巨大的勇气,那么维纳的故事则是教给人们如何获取科学灵感,展示科学智慧的来源。人物传记正是在"敢于"和"善于"向数学进军这样两个方面,用一些感人的细节给人以教育和启示。

数学史不能只局限于古代数学史,了解数学家也不能只局限于古代数学家。这套丛书除了有康托尔和维纳的传记之外,还包括了大家熟知的历史上最重要的数学家之一——高斯的传记。更令人瞩目的是收录了两位名垂青史的女数学家柯瓦列夫斯卡娅和埃米·诺特的传记:前者勇敢地与命运抗争,终于在男人称霸数坛的 19 世纪取得一席之地;后者大器晚成,一生专注数学,心无旁骛,以创立抽象代数学名垂数学史。本丛书还记录了两位命运坎坷的天才数学家阿贝尔和伽罗瓦,他们以短暂的生命为数学史留下了璀璨的光辉。还有以迷开始又以迷结束的电脑先驱图灵及游走全世界的、有"数学莫扎特"美称的数坛怪侠爱尔特希的传奇人生。

数学家传记出版得不是多了,而是少了。君不见,清华附小的小学生用大数据的排序算法,分析了苏轼诗词中用字用词的规律。大数据时代的数学正在渗透到日常生活的方方面面。可以预料,数学家传记的读者群也会越来越大。

写了一些感想,权作为序言。

张奠宙
2017年10月
于沪上

原版序言

这是一套以传记文学形式介绍著名数学家生平的丛书。本来是要请家兄钱临照写个序言,他对科学史有研究,也热心支持科学家传记的写作,但是他已年逾九十,不便握笔写作。所以,他给我谈了些他的想法,勉励我代他写这个序言。

我对数学只有很肤浅的知识,但是我明白,数学这门学科对人类文明的发展实在是太重要了。在大多数学科里,一代人创造的或树立的东西,往往被下一代人所更新或推倒。只有数学,前人创造的成果都能为后人所用,而每一代人都是在以前的"建筑"上添砖加瓦。今天,像我们从事技术科学或工程建设的人,有谁能离开前人创造的数学知识呢?不仅如此,前辈数学家的治学精神、思维方法和奋斗经历对于从事科学技术工作的人来说,也是非常有教益的。

本丛书所展现的数学家,有的是开拓者,披荆斩棘,勇往直前;有的是继承发扬者,博采众长,继往开来。他们或少年早慧,头角峥嵘;或中年发愤,大器晚成;或天资聪颖,才华横溢;或天性鲁钝,以勤补拙;或步踏青云,皓首穷经;或屡遭坎坷,英年早逝;或生于名门,独树一帜;或出身贫寒,困苦玉成……总之,他们从不同侧面给我们以启迪、思考和奋发图强的力量。

本丛书的主编杜瑞芝教授是一位年富力强的数学史专业工作者,她在从事专业研究的同时,还有志于从事这种看似简单实则很不容易的数学史传播工作,是值得称道的。各分册的作者都是多年从事数学史和数学教育研究的高校教师。他们在研究数学家生平、学术贡献的基础上,注意探索数学家成才的因素、成功的契机,还特别记述了那些超出常人、能够动人心魄的事迹。各分册还配有数学家的肖像,以展示这些大师的精神风采。

本丛书具有较强的知识性、趣味性、可读性与普及性,对广大青年读者增长知识、开阔视野、陶冶情操,并立志献身科学是大有益处的。

1998年10月

于大连

前 言

在数学发展的历史长河中,涌现出许多杰出的数学家。他们的发明创造是推动数学乃至科学技术发展的巨大动力,是人类文明的宝贵财富。没有数学家和广大人民群众的辛勤劳动,就不可能有今天高度发展的数学。然而,长期以来数学抽象的结构、艰涩的推理与枯燥复杂的算式,使得数学家好像与外界隔离开了。外界的人们,特别是年青的一代,觉得数学家是那样刻板而神秘,似乎远离尘世喧嚣。而数学家却很少受外界干扰,在数学王国里钻研得津津有味,自得其乐。著名数学家罗素(B. A. W. Russell,1872—1970)在学习欧氏几何时感慨道:"我没想到世界上竟有如此有趣的东西。"数学大师陈省身说："数学好玩。"可见学习和研究数学给他们带来了无穷的乐趣。这种数学家与外界相隔离的现象即使在数学高度发展、已几乎渗透到人类社会活动的一切领域的今天依然存在。

其实，数学家既是数学王国的主人，也是食人间烟火的凡人。怎样使人们走近数学家，了解他们的科学贡献、成长道路和个人品格，把数学家作为一个个活生生的、有血有肉的人，展现在读者面前，这应该是数学史家与数学教育工作者的任务。

经过认真的思考和多方的努力，我们尝试建立一条连通科学、历史与文学三者的纽带。在20世纪末，我们在哈尔滨出版社的支持下试图推出一套传记文学形式的《中外数学家传奇丛书》，以宣传数学家的事迹，激励年青一代投身科学。但是由于某些困难，仅在该社出版了三位中国数学家的传记，其余八位外国数学家的传记由山东教育出版社陆续出版，定名为《数学家传奇丛书》。该丛书问世后，颇受广大读者，特别是青年读者的欢迎，并很快售罄。为进一步满足广大读者的需要，同时也为传播数学文化做出新贡献,哈尔滨工业大学出版社决定推出新版《数学家传奇丛书》。新版除了对原丛书各分册做了适当的补充与修订外,又增加了《抽象代数之母——埃米·诺特》一册。

编写《数学家传奇丛书》是一种尝试,在国内还不多见。因此,难免会有这样或那样的不足,希望广大读者批评指正。同时,我们也十分热切地希望这项工作能得到广大数学工作者和科普工作者的关心和支持。让我们携起手来,为繁荣我国的数学事业,提高全民族科学文化素质而努力工作。

在新版丛书出版之际,我首先要特别感谢先师梁宗巨先生(1924—1995)。我于20世纪70年代末成为梁先生最早的研究生之一,是他引领我走上学习和研究数学史的道路,他严谨的治学态度始终影响着我。今年是先师去世22周年,愿以这套丛书聊表追思情怀。

原丛书的写作与出版曾得到中国数学会数学传播工作委员会以及中科院两位资深院士钱临照和钱令希的支持与帮助。钱令希先生在百忙之中亲笔为丛书作序,他关于数学科学的精辟见解,对于每一个数学工作者来说,都是一种激励。

新版丛书,很荣幸地请到了中国数学家、数学史家、数学教育名家张奠宙先生作序,令人感动和鼓舞。先生十分重视数学史知识的普及和数学文化的传播,他对数学重要性的阐述给了我们很大的启迪,在此对张奠宙先生表示衷心的感谢。

还要感谢哈尔滨工业大学出版社副社长刘培杰先生和编辑室主任张永芹同志的积极策划和鼎力支持,同时感谢为丛书付出大量辛勤劳动的各位编辑同志。

杜瑞芝
2017 年 10 月
于大连

引　子

200多年前,在德国的穷乡僻壤诞生了一位"神童",他就是后来成为伟大的数学家、天文学家和物理学家,并被誉为"数学王子""数学之王"的高斯。高斯自幼显露出超常的智力,这不是因为他的生理、心理发育超常,而是因为他的勤奋。高斯从小到老,没有陶醉在鲜花、掌声、欢呼和吹捧之中,而是一生辛勤工作:像大雁那样有目标;像海燕那样有勇气;像雄鹰那样有魄力;像蜜蜂那样有毅力。

历史是一面镜子,以史为鉴,可以知兴衰;科学家是历史舞台上的一面人镜,以人为鉴,可以明得失。因此,读书先读史,无古不存今。

中外历代有所成就的著名科学家,在他们的青少年时代,大多以古今中外优秀的科学家和技术发明家为榜样,立志有为、勤奋工作并取得成功。例如,1957年诺贝尔物理奖获得者杨振宁,在少年时期读了《富兰克林自传》,深深地被这位美国科学家所打动,决心要做一位像他那样的科学家。又如,被誉为"原子弹之父"的钱三强,少年时期酷爱阅读课外书籍,在心中种下了为科学奋斗的种子……他们的成长历程中,都深深地打上了伟人的烙印。

本书叙述了高斯的生平与伟绩,希望以此向读者介绍科学家是怎样学习、工作和生活的,是怎样成长起来的,以及对人类科学技术发展有过什么贡献。相信这对于每一位家长、教师和学生来说,都会有所借鉴和启迪。

徐品芳

2004年春于四川西昌

目 录

引子 ············· 1

第一章 巨星的降生 ············· 3

第二章 勤奋的童年 ············· 9

第三章 他已经超过了我 ············· 17

第四章 博采百花蜜 ············· 26

第五章 正十七边形 ············· 38

第六章 年轻的博士 ············· 65

第七章 高斯平面 ············· 79

第八章 算出谷神星 ············· 93

第九章 数学王子 ············· 108

第十章 千辛万苦测大地 ············· 115

第十一章	奉命保护	131
第十二章	发明了电报	144
第十三章	平行线的故事	161
第十四章	不忘培育之恩	183
第十五章	让新星升起	195
第十六章	叫她等一下	210
第十七章	生命的笛音	218
第十八章	光辉的一生	242
高斯大事年表		253

第一章 巨星的降生

德国东北部的布伦斯维克城(Braunschweig,现今德国的布伦瑞克),坐落在高原和平原的过渡地带,这里低矮的山岭、丘陵和盆地相间。18世纪,这一带属于德国北部地区,由于地势起伏,土地贫瘠,气候干燥,因而农业落后,人口稀少;而德国的南部地区,有著名的莱茵河谷地,气候润湿,地势低平,土壤肥沃,因此农业发达,人口稠密。

18世纪下半叶的德国,依然是一个诸侯割据的封建国家。虽然它的邻居法国早已进入资本主义社会,但德国资本主义的发展却很缓慢。就是在这样的情况下,德国却相继诞生了一位又一位的大人物。其中有一位就是后来的科学巨星、大数学家、天文学家和物理学家——卡尔·费雷特利奇·高斯(Carl Friedrich Gauss)。

1777年春夏之交的一个早晨,天上的白云缓缓地飘着,广袤的土地上三三两两的农民在辛勤地劳作。柔嫩的柳丝低垂在静谧的小河边,一位妇女正在河边洗衣裳。她那金色的垂肩细发,晶莹明亮的双眸,勤劳壮实的双手,颀长匀称的体形,都散发着成熟的魅力。她是一位石匠的女儿,34岁才嫁给一个短工,过着清贫的生活,即使怀有身孕,她还不停地劳动着,尽量帮助丈夫增加点收入。

"早上好!"邻居家的大嫂也来河边洗衣裳,向她打招呼。

"早上好!"她有礼貌地回答。

"快生了吧!"

"嗯,没有几天了。"

"听人说,像您35岁的年龄生第一个孩子,可能会有困难。"

"有可能。不过,我丈夫也听别人讲,干体力劳动、经常活动着的人,可能要好一些。何况我们贫苦人家,营养很差,婴儿个头小。"

停顿一下,她又说:"唉!我们这些穷人生孩子还是容易的,就是养不起呀!"

1777年4月30日晚,寂静的农舍有了婴儿的啼哭声,小高斯顺利地降生在这个贫穷的农民家庭。一家人是多么高兴啊!孩子的出生给家庭增添了乐趣。

小高斯的父亲早年是一个设计喷泉的技师,后来从事园艺工作,也当过各种各样的短工,如护堤员、自来水工、建筑工,还是个砌砖的能手哩。母亲除承担家务外,还做园艺的活计。家无存粮,只要一天不干活,就没有面包吃。虽然贫穷,一家大小和睦相处,感情很好,弥补了物质的不足,日子过得也算充实。

小高斯就是在这样一个勤劳、贫苦、和睦、朴实的家庭里成长的。

一天傍晚,劳累了一天的父母在卧室里休息,逗着快2岁的小高斯玩,这是他们唯一的孩子。中年得子的父亲看着小高斯那可爱的小脸蛋,高兴地对妻子说:"这孩子高大的鼻子,蓝色的眼睛像我;圆圆的脸蛋像你。看!多美。"

母亲乐滋滋地说:"美不美,看内心。瞧你,只管说外表。"

"我相信,他将来的性格一定是我们俩优点的结合。"父亲自信地说。

"你说,我们俩的优点是什么?"母亲柔情脉脉地问。

"依我看,我的性格坚毅而又严厉。而你呢,温柔而又聪慧。"

母亲听了,露出了甜蜜的微笑。

高斯后来的性格,似乎就是父母优点的集成:他举止文雅,坚强不屈,谦虚谨慎,质朴无华。高斯一生的夙愿就是不受干扰地持续地进行创造性的工作,这也是他强烈事业心和顽强意志力的集中表现。

一天,还不满3岁的高斯,静悄悄地站在父亲身后,睁着一双圆圆的大眼睛看着父亲替工人叔叔们计算一周的工资。没有进过校门的父亲吃力地计算着,并且喃喃自语地念着数。他费了九牛二虎的力气,终于长舒一口气,得到了一个结果。

当父亲刚要举笔写下钱数时,身后传来小高斯稚嫩的声音:"爸爸,算错了。钱数应该是这样的……"

父亲转过身,惊奇地望着独生儿子,儿子的表情是那样认真、严肃,不像戏语。儿子的眼神好像在说:"不信,爸爸再算一次。"父亲重算了一次,果然儿子说的钱数是正确的。父亲高兴地抱起小高斯吻了又吻,一股幸福的暖流涌上他的心头。

小高斯有一个舅舅,名叫腓特烈(Friedrich),他是一位聪明机智、勤劳勇敢、心灵手巧的织造工人。自从小高斯来到这个世界,尤其是从咿呀学语开始,舅舅的业余时间几乎都和小高斯在一起。舅舅见多识广,经常给高斯讲各种见闻,好像他的脑子里装着无穷无尽的知识和故事,小高斯特别喜欢舅舅,远远望见舅舅,就丢下手中玩的东西,张开小手欢快地奔向舅舅,还甜甜地喊:"舅舅!舅舅!"舅舅高兴地抱起小外甥。一阵亲热过后,舅舅便用生动、形象的语言,教小高斯观察、认识人和大自然,教他识字、数数。高斯的记忆力惊人,对这些新奇的符号、事物产生了兴趣。

平时,舅舅通过讲故事,有意识地启迪、鼓励高斯奋发有为,长大后做一个改造大自然的科学巨人。这些教育,对于高斯的父母来说,实是爱莫能助,因为他们从来没有受过学校教育,并且为了养家糊口早出晚归,实在顾不上。父母知道孩子天资聪明,现在有了舅舅这个不站在讲台上的老师,也就放心了。

小高斯除了听舅舅传授知识外,平日里最爱听大人们说话,他仔细观察,认真模仿大人们的语言、动作,在实践中巩固和充实舅舅讲的内容。

就这样,舅舅耐心启发教育,高斯认真仔细学习,在不知不觉间,小高斯已经学会了计算,尤其是口算。所以,当父亲向舅舅讲起高斯用心算纠正他的计算错误时,舅舅心中暗自高兴。园丁辛勤浇灌与幼苗顽强的生命力相结合,必然会绽放出一朵奇葩。

第二章 勤奋的童年

小高斯渐渐长大,转眼应该上小学了,可是,学费、买书籍等学习用品的钱从哪儿弄?父亲为此暗自发愁。

高斯的童年生活与当时一般百姓家的孩子一样贫穷,饥饿像一头巨大而狰狞的野兽,随时都会毫不留情地向穷人们扑来。所以,父母为了挣钱养家,拼命地外出打工,平时都以最方便、最廉价的面包、冷水填充肚皮,也没有更多的换洗衣服。

据说,有一天,父母为了生计外出奔波,小高斯无人照看,只好自己留在家里。只有3岁的小高斯感到孤独,便走出家门,不知不觉来到离家不远的小河边。水,让儿童感到神秘,又是玩耍的乐园之一,在他们眼里,玩水有无穷无尽的乐趣。好奇的小高斯一个人蹲在河边玩水,小手像个小勺一样把水舀起来往外泼,一次、两次……不幸的事情发生了,当他又一次把水往外泼的时候,由于用力过猛,脚下一滑,小高斯掉到了河里。毫不留情的河水顿时使小高斯惊慌失措,身体渐渐往下沉,很快淹没了脖子,他大声惊叫、哭泣,在水中拼命挣扎,手脚乱蹬乱抓,最后水还是淹过了头。他本能地跃出水面,又沉下去,再跃出水面,又沉下去……

恰在这时,河边有一位男青年路过,忽然听见河中有小孩的哭叫声,他沿着声音方向迅速奔跑过去,看见河中有一个小脑袋忽浮忽沉。这位青年连衣服都来不及脱,一个鱼跃扑向这个小黑点,很快地抓住小孩,把他救上岸。

小高斯溺水了,不省人事。这位男青年懂得些救护方法,他把孩子的双脚提起,脚朝天,头向地,将孩子肚中的水倒了出来,然后把孩子平放在地上进行人工呼吸。不多时,孩子苏醒了,刷白的脸渐渐有了血色,开始放声大哭。

太阳当空,已是正午,劳累半天的父母回到家里,发现门开着,他们像平时一样呼喊小高斯的名字,却没有回音。他们走到房外大声叫喊,在周围询问寻找,仍不见小高斯的踪影。父母着急起来。这时,忽然看见远处有一个男青年牵着小高斯的手走来。

父母弄清情况以后,激动地握住这位素昧平生的救命恩人的手,一再表示感谢。围观的邻居也都称赞英勇救人的好青年。

穷苦的生活依然继续着。小高斯的父母在大庭广众面前,与普通百姓一样,是不会把贫困当勋章贴在脸上、挂在胸前的,他们只是凭借自己的双手去辛勤劳动,试图改变贫困的状况,尽管艰难的生活并没有多少改变。

舅舅腓特烈是高斯的启蒙老师,最了解高斯的智力发展情况。在高斯还是幼儿的时候,舅舅就发现高斯记忆力强,注意力稳定,并且还具有接受能力强、识字迅速、自己阅读等特点。高斯超过同龄儿童的是他具有一定水平的抽象概括能力和初步的推理能力。

现在的高斯思维敏捷,求知欲强,经常爱问为什么,总是要把问题弄个明白。舅舅虽然能够解答一些离奇古怪的问题,但高斯问的许多问题已超出舅舅的知识水平了。比如高斯常常问:天上到底有多少颗星星？地球为什么是圆的？为什么鸟儿会飞，鱼儿会游？为什么有了直径就能算出圆周的长度？布伦斯维克城有多大？著名的威悉河为什么从南流向北？总之，从天上的月亮、星星到地下的宝藏，从五彩缤纷的生活到为什么有穷人、富人，甚至于工程技术原理、历史、地理以及社会上的风土人情，他都一股脑儿地向舅舅提问，像老师考问学生一样，考得舅舅心余力绌，甚至有些招架不住了。因此，舅舅早就盼望着把他送进学校接受教育。在舅舅的支持与帮助下，高斯的父母终于将他送进了学校。小高斯的新生活开始了。

1784年，7岁的高斯像许多小孩一样，高高兴兴地走进了圣凯瑟琳小学的校门。他这个班有50多名年龄各异、基础参差不齐的学生，但教他们的老师十分称职而热心，把全部心血都花费在了教育工作岗位上。这里的老师，不论贵族孩子还是贫困学生，都一视同仁，一开始就用先辈严谨治学的精神去鼓励学生，以其传世业绩去激发学生，以其对祖国的赤诚之情和对父母的挚爱之情去教育学生，把学生的初始教育导向一条健康发展的道路，让孩子们尽可能地发挥自己的聪明才智,为科学大厦抹上一层辉煌。老师讲课时,时时插入小幽默、小故事、小提问,犹如潇潇春雨洒在孩子们饥渴的心灵上,在他们的人生白纸上抹上一笔笔绚丽的色彩。教学时,老师不仅告诉孩子们要怎样做,更告诉学生为什么这样做,从而使学生获得打开知识大门的钥匙。上课时,学生们睁圆眼睛,倾听老师讲新鲜、有趣的内容。小高斯听课时特别专注,注意力最集中,从不转移视线,始终跟着老师在知识天空中翱翔。

高斯在这所小学里努力学习,专心听讲,独立思考,认真完成作业,各门功课成绩都很优秀。他对观察到的现象喜欢寻根究底,对疑难问题虚心请教,尤其喜欢琢磨那些抽象概念,不自觉地锻炼自己的抽象概括能力和逻辑推理能力。即使这样,他还常常感到课堂上教的内容"吃不饱",于是,在学好课内知识的基础上,又大量阅读他能借到的课外书籍。他看见书就像一个饥饿的人扑在面包上一样,聚精会神地啃着他能啃动的书。

布伦斯维克是一座古老的小城,在17世纪初,它是可与德国的汉堡和荷兰的阿姆斯特丹相媲美的商业贸易中心。后来,城里的众多平民失业,他们难以忍受残酷的剥削,甚至无法生存,于是便起来暴动,致使生产停顿,工农业发展停滞;而且欧洲在1618年还爆发了一场大规模的战争。这场战争前后打了30年,历史上称为30年战争。因此,在1671年前后,布伦斯维克衰落了,工商业凋敝,农田荒芜,经济萧条,财政空虚,民众困苦不堪,由此而失去了政治独立的地位,贫困的布伦斯维克并入布伦瑞克——沃尔芬比特(今德国下萨克森州)公爵领地,1673年成为该领地首府。到18世纪,它像其他德国城邦一样,经济政治状况落后于资本主义蓬勃发展中的英国和法国。

高斯出生时,布伦斯维克城的统治者名叫费迪南德(C. W. Ferdinand,1735—1806),是一位公爵,人们又称他为布伦斯维克公爵。他过去是一位久经沙场的贵族,曾在普鲁士军中服役。由于他在沙场上出生入死,英勇杀敌,战绩辉煌而升任普鲁士将军。战争结束后,他出任布伦斯维克城的地方最高长官。他按照传统的封建方式管理他的领地,以农业为其财政收入的主要来源,并保护组织起来的个体织匠,抵制纺织机械的使用。由于封建式的小农经济约束了这块美丽土地的生产发展,经济不繁荣,与德国的其他地方相比,仍旧是贫穷落后的地区。但在教育方面,他主张学龄儿童人人必须接受教育,使他的臣民们从小能写会算。他要求儿童都要识字并掌握一些初等算术知识。在当时,对于社会下层有天赋的儿童,要想继续深造并获得较高水平的教育,仅仅依靠处在温饱线以下的父母是无法实现的,只有得到贵族、富商或其他有钱人的资助,才有可能进一步深造。

有一天,小高斯在放学回家的路上,一面走一面全神贯注地看书,不知不觉闯入了布伦斯维克公爵的庄园。布伦斯维克宫是王公贵族的住所之一,豪华的建筑、富丽堂皇的宫殿坐落在由园林组成的庄园里。金碧辉煌的宫殿外的风景就像一幅浓墨重彩的山水画,葱茏的苍松翠竹,掩映着盛开的鲜花。这样的自然美景能使人开阔视野,领略人生,净化心灵,生化智慧。

布伦斯维克公爵的夫人正在花园赏花,忽然看见一个小孩走进来,就轻轻地走到他面前。小高斯仍旧边看书边走路,公爵夫人和气地招呼他,小高斯才发觉走错了路。夫人看到这个小孩是这样入迷地读书,十分喜欢,就和他攀谈起来。夫人发现这个小孩天资聪慧,思维敏捷,表达严谨,就高兴地询问了他的年龄、住址和父母亲的情况。

当公爵夫人把这件事告诉布伦斯维克公爵时,公爵也感到很惊奇,于是派人把小高斯叫进宫,亲自考察,经过考核,公爵和小高斯交上了朋友。后来,公爵一直资助高斯继续学习。

高斯从小爱读书,只要有空就读,同学们都叫他"读书迷"。他很少和别的孩子去打闹、游戏,有时做点力所能及的家务,使大脑得到休息。晚上,因家境贫穷,父亲为了节省灯油,在吃完晚饭后不久,就催促高斯上顶楼去睡觉。好学的高斯不愿浪费掉晚上睡觉前的这段宝贵的读书时间,就自己动手做了一个灯具:把一只萝卜掏空,塞进用粗棉卷成的灯芯,里面再放入油脂当灯油。他就在这种发出微弱光亮的油灯下,静静地、专心致志地看书、思考、计算……有时为了弄清一个难懂的问题或进行一次演算,他苦读寒窗夜,挑灯黎明前。

知识是灯烛,它把高斯引向了光明而神奇的境界,激励他踏上探索真理的征途。

第三章 他已经超过了我

1787年的一天早上,10岁的高斯来到小学四年级的教室,坐在自己的位子上,等待着数学老师上课。上课铃响后,进来一位年轻的男老师,他叫布特纳(Büttner),刚分来工作不久。他与其他老师一样,有着一张严肃的脸,一双冷峻的眼睛,对学生的态度好像一块冰。这天,由于课堂纪律的原因,老师有意要出一道难题,把孩子们拴在教室里。他出的题目是

$$1+2+3+\cdots+98+99+100=?$$

学生们照往常一样,依次地累加起来,越加数字越大,算得头昏脑涨,十分艰难,许多人都算错了。高斯却没用多少时间,就在他的小石板上端端正正地写下了答案。

高斯高高地举起小手,布特纳老师并没在意这

一举动,心想:这么短的时间,这个全班最小的小家伙不知瞎算了些什么,就抢先回答或者交了白卷,这可不是一般的数学题呀!但是,不管怎么说,应该让孩子发言。于是,老师用怀疑的眼神允许他发言。高斯站起来很有礼貌地说:"老师,这 100 个数的和是 5 050。"同学们在紧张的埋头计算中听到这个声音,都惊疑地望向老师。布特纳老师也大吃一惊,问道:"你是怎样算出来的?"老师怀疑他的答案可能是猜出来的,或许仅仅是巧合,为了弄清楚缘由,老师的语气有点缓和,听起来和平时不同,显得不那么严厉了。

"因为 1 到 100 这 100 个数,依次把头、尾两个数加起来都等于 101,而这样的数刚好有 50 对,所以 $101 \times 50 = 5\ 050$。"高斯从容不迫地回答。

布特纳老师听完后,兴奋极了,好像在夜空中发现了一颗璀璨的尚不为人知的新星。老师带着课堂上从来没有过的笑容激动地说:"同学们!高斯的答案是完全正确的,理由说得也好极了!他善于动脑筋观察、思考、分析,他发现了对称于头、尾两个数的和都相等这个规律,很了不起呀!"接着,老师工工整整地把高斯通过观察、思考以后发现的这一规律的

思维过程写在黑板上

$$1+2+3+\cdots+50+51+\cdots+98+99+100$$

用数学式子表示为

$$1+2+3+\cdots+50+51+\cdots+98+99+100$$
$$=(1+100)+(2+99)+(3+98)+\cdots+(50+51)$$
$$=101\times 50$$
$$=5\,050$$

下课后,布特纳老师是多么高兴啊!他发现了"神童",发现了一个非凡的天才!他想:一个小学生的计算,竟用到了我未曾讲过,而要到高中时才能学到的"等差数列求和法"的一个规律。于是,布特纳老师找到学校领导,报告了这件事。高斯崭露头角的数学才华使这位数学老师第一次激动地、超乎寻常地对学校领导说:"他已经超过了我!"

学校负责人也很高兴。不久,学校经过研究决定,免费让高斯接受教育。

布特纳老师本来不愿意在这儿工作,他常认为自己在穷乡僻壤教书是怀才不遇。所以,平日里对学生态度不好,确实冷得像一块冰。而现在,他发现了高斯超群的数学才能,在精神上得到了安慰,冰融化了,他被高斯的智慧感动了。布特纳决定留下来,留在这个偏僻地区工作一辈子,用汗水浇灌、培植这棵特别出众的幼苗,用丰富的知识哺育孩子们,使他们茁壮成长。因此,布特纳老师特别从思想上鼓励高斯,从知识上帮助高斯。高斯开始有计划、有步骤、有指导地提前学习后面的知识。他一步一个脚印,把握好对基础知识的理解,不轻易放过一个概念,不忽视微小的计算。

对于高斯提出的疑难问题,老师总是耐心地讲解,循循善诱,自己没有把握的,还要查资料。此时,老师们因材施教,特意为高斯单独加大知识的难度,努力培养和发展他的数学才能。

高斯学习勤奋、刻苦,一讲就懂,一做就会。在这期间,高斯的知识丰富了,比较系统地掌握了小学规定的学习内容。幼儿时期提出的一些问题,也找到了部分答案。但是,在浩瀚的知识海洋中,这仅仅是开始。

一天,布特纳老师遇见高斯的舅舅腓特烈,专门向他介绍了高斯计算1到100连续加法的超人才智。腓特烈很高兴,并感谢老师们的热情鼓励与悉心培养。

舅舅来到高斯家,告诉了高斯的父母这些事情,并且说以后不必再为高斯的教育费用发愁了。一家人又一次沉浸在欢乐之中。

布伦斯维克公爵听到这一消息,也十分高兴,他把高斯请来,鼓励了一番。

像这类关于高斯天资聪敏的其他奇闻轶事,在教师和家长中流传的就更多了。

在高斯计算$1+2+3+\cdots+100=?$这道题一年后的一天,布特纳老师又给全班学生出了下面的题目

$$81.297+81.495+81.693+\cdots+100.899=?$$

老师写完题目后,其他学生都不知从何下手。而高斯呢,充分利用他的分析才能,经过仔细观察,发现这些加数从第二项起,后面的小数与前面小数的差都恰好等于0.198,并且通过推理得知所有加数共100个(即100项)。于是,他又仿照$1+2+3+\cdots+100$的计算方法,给出了结果(答案为9 109.8)。老

师听后十分高兴。

课后,布特纳老师又感到烦恼,因为他发现,他的才学有限,懂的数学知识不多,已经无法继续辅导这位高才生了。

"不懂装懂是误人子弟。"布特纳老师对自己说。怎么办?突然,他的眼睛盯上了桌上的书。"书是人类智慧的结晶,是知识的宝库,是一个不说话的老师。"他高兴地叫了起来。老师又想:"高斯有自学的能力,我不懂的,书上一定有。"有位哲人曾说过:"书像一艘船,能带领人们从狭隘的地方,驶向无限广阔的海洋;书是知识的源泉,是打开未知世界的窗口,是人类进步的阶梯。"所以,布特纳老师很快进城买了一本最好的、知识较全面的数学书回来,说明原因,赠送给高斯自修学习用。高斯像鱼儿得水一样,非常感激和兴奋。

书是不会说话的老师,书上有许多疑难,还得要请教会说话的老师呀!一个矛盾解决了,又一个矛盾钻出来。布特纳老师也觉得应当再给高斯物色一位指导老师。常言说:"师高弟子强。"布特纳老师把这个小城里的教师都考虑了一遍,最后选定巴特尔斯(J. M. Bartels,1769—1836)作为自己的助手。巴特尔斯当时17岁,他帮助辅导学生,批改作业,也参与学生管理等工作。巴特尔斯是个好青年,学习肯钻研,爱动脑筋,上进心强,当时正在自学准备参加大学入学考试。当布特纳把这个想法告诉巴特尔斯后,巴特尔斯愉快地接受了这个任务,并且热心地培养和指导高斯。两人是那样的亲热,不了解情况的人,还以为是兄弟俩呢。

高斯在巴特尔斯的指导下,11岁开始学习代数。当他学习了乘法公式$(x+y)^2 = x^2 + 2xy + y^2$后,自然想知道$(x+y)^3 = ?$ $(x+y)^4 = ?$ $\cdots(x+y)^n = ?$ (n为正整数)于是,他仿照$(x+y)^2 = (x+y)(x+y)$的方法一个一个地去算,推演到一定个数后,他发现了x,y的指数和系数的规律。当然,那时他还不知道二项式$(x+y)^n$的展开早在17世纪已经被英国伟大的数学家、物理学家牛顿(I. Newton,1643—1727)发现了。高斯经过自己的推导,最终掌握了$(x+y)^n$展开的规律,并且和牛顿的结果一样。后来,巴特尔斯告诉他:"这个规律牛顿早已发现。"高斯高兴地说:"大数学家发现的规律,我也能发现了。"这件事又一次显示了高斯独特的数学才能。巴特尔斯乘机又鼓励他把这个问题再深入地研究下去。

高斯掌握了$(x+y)^n$(n为正整数)的展开和规律后,接受了指导老师的建议,马不停蹄地继续思考、演算,他又在思考着当指数n是负整数或分数时的情况。经过潜心研究,他也得出了满意的结果。

高斯这种从特殊到一般、从具体到抽象的研究问题的方法,后来成为他涉猎知识、发现问题的一种常用方法。这也是巴特尔斯教给他的一种名叫"不完全归纳法"的思维方法。

后来,高斯对别人说:"我从他的身上不仅学到了知识,更重要的是学到了获取知识的思想方法。"巴特尔斯常对他讲:"任何一门学科内容的整体结构有两根强有力的支柱,即基础知识和思想方法。数学知识是数学的内容;数学思想是灵魂;数学方法是手段、工具。知识、思想和方法三者是和谐的统一体。"法国伟大的数学家、哲学家笛卡儿(R. Descartes,1596—1650)很重视方法,他写了一本叫作《方法论》的书,书中说:"方法是知识的工具,比任何其他由于人的作用而得来的知识工具更为有力,所以,它是所有其他知识工具的源泉。"笛卡儿生怕别人弄不清楚,还生动地比喻说:"即使一个人走得很慢,如果他总是沿着正确的道路,他也很可能走在那些奔跑着然而离开正确道路的人的前面。"因此,只要方法对头,就可以提高学习的速度和效率。

巴特尔斯后来考取了大学,由于成绩优秀,毕业后留在大学工作。不久,他出国到了俄国,在那里一直担任俄国著名的喀山大学的数学教授,成了一位大数学家。在喀山大学,他又担任过后来成为大数学家的罗巴切夫斯基(Н. И. Лобачевский,1792—1856)的指导教师。

高斯与巴特尔斯在共同的目标上建立了深厚的友谊,后来互通信函,讨论着高深的数学问题。

父母亲友们的生活照顾,数学老师们提供的精神食粮,布伦斯维克公爵的资助,以及周围人的鼓励,使小高斯这朵智慧花蕾,在充足的阳光雨露滋润下,茁壮成长着。

他在勤奋的学习生活中,送走了无忧无虑、梦幻丛生的小学时代,迎来了五彩缤纷的中学时代。

第四章 博采百花蜜

1788年,高斯从圣凯瑟琳小学毕业,考上了文科中学。当时的德国中学有的一开始就文理分科。文科中学,以学文为主,即以语文、哲学、历史、地理等为主,文科的学时比较多一些,但也要学数学、物理、化学、生物等理科知识,只是学时比重小一些。由于高斯在升学考试中古典文学考出了较高水平,有独到见解,所以被录取到文科中学。

开学以后,老师对他个别考查,发现他的各科知识掌握情况已超过一年级水平,于是,破格让他跳了一级,升入初中二年级。在小学自学的成效显现出来了,他的才智得到了发展。

初中读了两年,由于他善于思考,勤奋努力,所学各门功课的成绩都超过了同级同学,智力特别突出,因而他又在师生们惊讶的目光中直接升入高中。

也就是说,别人初中要读4年,他2年就读完了,并免试升入高中哲学第一班学习。

当时德国的大学中,数学专业设在哲学系里,相应地,中学哲学班主要学习数学和语文等基础知识。高斯对语文和数学一直没有放松,特别用功。这两门功课成为他中学学习中最喜欢的两个"朋友"。他心里常常装着"朋友"提出的问题,努力寻找最佳答案。

高斯深刻认识到,中学时代是开拓科学上每座"宝岛"的起点,是探寻技术上每个"迷宫"的基石。为了拓宝岛、探迷宫,必须孜孜不倦地学好各门基础知识。

高斯在很早以前,就读过英国著名科学家培根(Francis Bacon,1561—1626)的书和他的传记。有一名言警句深深地印在他的脑海里:"读史使人明智,诗歌使人机智,数学使人精细,哲学使人深邃,道德使人庄重,逻辑与修辞使人善辩。"所以,他努力学好基础知识,广采博览,培养多种兴趣和爱好。

"高斯发展全面,知识面广,兴趣爱好多,具备一个未来科学家所特有的素质。"教过他的一位老师对同行说。

"我看,未来难料。过去国内外历史上,'神童'仅是昙花一现的例子也不少。"一位历史教师说,他还举出不少实例。

对于高斯这样的少年,在学业上的青云直上,同学们中也有议论,有赞扬、热情支持的,有误解的,也有无知嘲讽、嫉妒诋毁的。这些议论传入高斯的耳朵里,他是怎样考虑的呢?对于成绩,他认为是过去辛勤耕耘的结果,成绩只能说明过去,今后应当从零开始;那位历史老师的话倒是他喜爱的一面镜子,"以人为镜,可以明得失",经常用它对照自己,反省自己,可以修正缺点;对于别人的误解、讽刺,甚至恶意的诽谤或打击,他总是说:"让别人说去吧,我走我的路。"

在誉者、毁者面前,聆誉而乐是人之常情,闻过则喜亦应成为做人的修养之一。赞扬也罢,批评也罢,至少表明高斯引起了师生们的注意,招来更多的鞭策、督促,使他更加严格地要求自己,更加努力于自己的学业。

1791年的一天,14岁的高斯被布伦斯维克公爵找去说:"高斯,听学校负责人和老师们介绍,你学习得不错。我准备推荐你到卡罗琳学院深造,怎么样?"

"太好了,在那里我就可以专攻一两门科目。"高斯不假思索地同意了。

布伦斯维克的卡罗琳学院是介于高中和大学之间的一所著名预备学院(相当于今天大学里的预科)。在预备期间的学习里,学生们可以分专业学习,为将来报考大学做准备。这所学院里设有语言、文学、哲学、数学、物理等专业课,一般是招收高中毕业后没有考取大学的学生,他们可以在那儿补习;另外招收的是高中没有毕业而学习成绩优秀的学生,通过推荐选拔而来。高斯属于后者。

次年,即1792年,朴实而腼腆的高斯进入离布伦瑞克(即布伦斯维克)不远的卡罗琳学院学习,开始离开家庭独立生活。

父母是一棵遮风避雨的大树,他们会给孩子的生活投下一片绿荫。高斯离开父母独立生活的最初日子,忽然觉得孤独起来,心中空荡荡的,尽管没有人欺负高斯,与新同学之间的关系也很好,但他忽然觉得孤独无助,一切全靠自己打理和照应。随着学习时间的增长,他的这种心理才慢慢消失,适应了大学生自我约束、自我管理的独立生活。

卡罗琳学院不同于普通的大学,它是由政府直接兴办和管理的,目标是培养合格的官吏和军人,在德国各城邦的类似学校中属于最优秀之列,其教学特别强调科学方面的科目。

这时期,高斯夜以继日地游弋于科学的海洋,不知疲倦地阅读、观察、分析、思考、质疑,他尤其对高等数学具有非常浓厚的兴趣。

这所学院的图书馆珍藏着许多内容深奥的各类书籍,它们经过管理人员的双手和智慧,分门别类地躺在书架上,迎接着来访者。你只要掌握图书目录这把钥匙,就可以在茫茫的书海中迅速找到你迫切需要的知识。因此,在图书馆的门楣上还写有这样的名言:"这里是人类知识的宝库,如果你掌握它的钥匙,那么全部知识都是你的。"

高斯来到图书馆,通过图书目录,开始有计划地博览群书,他选定以数学名家名著为阅读的主攻方向,附带阅读物理学。于是,他专心、入迷地阅读当时欧洲最著名科学家的著作。如他选读牛顿的万有引力和微积分学(当时牛顿称之为"流数论"),数学家欧拉(L. Euler,1707—1783)的"微分学""积分学"和"力学",数学家拉格朗日(J. L. Lagrange,1736—1813)的"解析力学""解析函数论"以及"函数演算讲义"等著作。高斯像一只蜜蜂,整天飞舞在科学百花园的鲜艳的花丛中,他广采百花蜜,努力学习前人的成果,吸取其精华,在知识的阶梯上攀登。

这么多名著,对于一个16岁的少年来说,短时间内要读完、读懂、会用,肯定会遇到不少困难。虽然有老师指导,但老师所指导的内容既有限又普通,满足不了他的要求。为了博学深究,就要下苦功夫多读书。微积分和普通物理专著,内容深奥难懂,不像中学的数学和物理那样具体,一看就明白。这些知识对于正规的在校大学生来说都甚感吃力,何况对于一个预备班的学生呢?

高斯在阅读、思考、练习中,在攀登科学高峰的小径上,遇到了一个又一个困难,读了这本,忘了那本,渐渐地模糊起来,几天、十几天过去了,似乎没有所得。他开始怀疑自己的能力,甚至有点信心不足了。

高斯有个习惯,就是每天都要到博物馆去读一小时的报纸。有一天,他在报纸上看到这样一条新闻:法国革命军——一支缺衣少食、装备简陋、弹药匮乏,但却充满革命热情、士气高昂,他们勇敢、顽强地击退了训练有素、装备精良的封建联军,使整个欧洲大吃一惊。有一支义军队伍,只有516人,从马赛开来,步行27天,一路高唱《莱茵军歌》(即后来传遍世界的《马赛曲》),于1792年7月30日到达法国的巴黎。报上还登出了这首立过功的歌曲。喜欢诗歌的高斯,马上把激动人心的歌词抄在日记本上:

前进!前进!

祖国的孩子们,

那光荣的时刻,

已经来临。

专制的暴君,

压迫着我们,

我们的祖国,鲜血遍地。

我们的祖国,鲜血遍地。

那些凶残的士兵,

到处在屠杀人民,

从你的怀抱里,

夺去你妻子儿女的生命,

公民们,拿起武器,

公民们,投入战斗!

前进!前进!

万众一心,

把敌人消灭干净。

……

这首激发革命热情、号召人民拿起武器消灭敌人的战歌,不仅动员千万义军冲破险阻挺近,它也动员了高斯。但高斯靠的不是枪支而是智慧,去攻克科学堡垒。

高斯不止一遍地读着这首歌词,突然,他自言自语地说:"有了,有了,我也要像义军打仗一样,面前的暴军就是难懂的书,消灭敌人就是要把知识学到手。"

于是,高斯对前一阶段的学习进行了总结与回顾。"第一步行军太快,贪多嚼不烂,欲速则不达。"高斯反省地说,"应当走一步,把敌人消灭干净后再前进。此外,应改进装备,即改进学习方法。"

学习有方法,但无定式。怎样改进学习方法呢?高斯是个聪明人,既不抛弃别人优良的学习方法,又不拘泥于旧法,他根据自己的特点和实践,从读书学习中悟出了适合自己的最佳学习程式,这也包含了布特纳和巴特尔斯等老师教给他的一些方法在内。

高斯的最佳学习程式就是"阅读、思考、演算、总结"八个字。他曾经这样解释:阅读是涉猎知识的基础;思考是求知的钥匙,掌握它,可以开启探索求知的大门;演算是实践、初步应用,也是巩固知识,及时反馈学习效果;总结是形成知识系统,理清数学思想方法的脉络,这种提纲挈领的小结是提高学习效率的一个不可或缺的程式。

后来,高斯的许多同学问他:"你是怎样进行学习的?用什么方法?"高斯毫无保留地说:"勤奋是根本。读、想、算、结是方法。"他还生动地总结说:"心中想,口中说,纸上做,不从身边过。这就是学习的诀窍。"

高斯经过短暂的休整后,就像义军一样,渐渐地"打了胜仗",他对名家名著读懂了,掌握了,并且会初步应用了。

高斯读了这些名著以后,收获不小,好像长出了翅膀,飞翔在科学百花园中,看得清、看得广、看得远。他对这些名家特别钦佩,后来他写道:"欧拉的研究工作仍将是学习不同范围数学的最好的学校,并且没有任何别的可以替代它。"

高斯读了这么多书,使他深刻认识到初学三年,世无敌手,再学三年,寸步难行。所以,在学习面前,高斯没有骄傲和满足。他以名家为榜样,谦虚谨慎,没有丝毫懒散和懈怠。少年高斯深深地懂得:虚怀若谷是打开科学宝库的一把金钥匙,孤傲自满的云雾势必遮蔽探索真理的道路。一个真正的科学勇士要把自己充实起来,就要像大海拥抱大川一样,去热烈地、真诚地拥抱真理,拥抱科学。懒散和懈怠像一把锈锁,它会锁住真理、智慧和才能,使人们在生活、工作和学习上永远是个"缺粮户"。

宝贵的中学时代,充满了理想、阳光、欢乐和幸福。高斯在校的三年期间,全身心地投入到学习和思考中,获得了一系列重要的发现。

他从1791年开始研究算术—几何平均,到1794年发现了它和其他许多幂级数的关系。他还通过实例找到双纽线函数的周期与算术—几何平均的关系,并给出了证明。实际上,他的这一成果早于挪威数学家阿贝尔(N. H. Abel,1802—1829)和德国数学家雅可比(C. G. Jacobi,1804—1851)的椭圆函数研究。高斯将双纽线函数表示成两个函数 P, Q 的商,明确算出 P 和 Q,漂亮地论证了双纽线函数具有两个周期 2ϖ 和 $2i\varpi$。P 和 Q 本质上是雅可比 Q 函数的特例。

1792 年,在卡罗琳学院的第一年,他考虑了几何基础的问题,即平行公设在欧几里得几何中的地位;同年研究了素数分布,猜想出素数定理,这是根据瑞士数学家兰伯特(J. H. Lambert,1728—1777)早年创制的素数表和高斯自制的素数表进行的观察分析,对素数的分布做了如下猜测:小于 x 的素数个数 $\pi(x) \sim \int_{2}^{x} \frac{\mathrm{d}n}{\log n}$,他也估计了 $\pi(x) \sim \frac{x}{\log x}$,但认为此式的精度比上述积分式差。

1795 年他发现了最小二乘法,又由归纳发现了数论中关于二次剩余的基本定理,即二次互反律(见后详细介绍)。

总之,在这一时期,高斯结合学习先辈名家的数学经典,开启了他创造思维的"天眼",许多新的数学内容和方法像潺潺的小溪流淌出来,展现出高斯日趋成熟的研究风格,即不停地观察和进行实例剖析,从经验性质的研究中获得灵感和猜想,为他的数学研究插上腾飞的翅膀。

一天,高斯和几个同班同学一起散步,边走边谈,他们谈学习、谈理想,欢声笑语在走过的校园小道上飘扬。一路脚印,一路青春絮语。最后,大家都把话题转向高斯,称赞高斯在短短的学习期间取得了如此的成绩,都说他将来会成为大科学家。

高斯听了,马上指着路旁盛开的鲜花对大家说:"个人曾经做出的成绩,好像鲜花的生命一样静静地开放,静静地枯萎。鲜花是短暂的,成绩是过去的,一个人不能躺在过去的成绩上停滞不前。个人的学习、工作应像园丁那样辛勤耕耘,像鲜花那样年复一年开放出更加艳丽夺目的奇葩。"

第五章 正十七边形

1795年10月,18岁的高斯走入金色的大学时代,进入德国著名的哥廷根(Göttingen)大学。

哥廷根是汉诺威以南100千米的一座小城。第二次世界大战以后,它划属德意志联邦共和国的下萨森州(现为德国)。公元953年最初见诸文字记载。1734年在此建立了哥廷根大学以后,才渐渐地为人所知。20世纪前后,这里出现了很多著名的数学家,如高斯、克莱因(C. F. Klein,1849—1925)、希尔伯特(D. Hilbert,1862—1943)、闵可夫斯基(H. Minkowski,1864—1909)等,经过两三代人的努力,形成了历史上著名的哥廷根数学学派。这儿曾吸引了世界各地的青年像朝圣一样来此求学。第一次世界大战以后,成为举世闻名的科学中心,也是当时的世界数学中心。

然而,哥廷根的好景不长,1933年希特勒上台,由于德国法西斯分子迫害犹太人和学术领域的爱国志士,逼迫德国许多优秀的科学家不得不流亡美国。哥廷根大学从此一蹶不振。不过,这是百余年以后的事了。

哥廷根大学是一所综合性大学,分设语言、神学、法律、医学、数学、物理、化学等专业。大学所在的城市也成了科学城,当时那里的数学水平虽然不高,但是校内外的学术气氛十分浓厚。

学校建筑似古老的教堂,进口处有一个较高的圆形拱顶,校舍有秩序地排列在左右两侧,对面是一座雄伟的教堂,师生们常在那儿做礼拜。进门正中央有一片草坪,远远望去,是一片墨绿,点缀着朵朵艳丽的鲜花,草坪四周是树林,葱郁茂盛,鸟儿在枝头唱着清脆的歌。草坪正中央有座喷水池,池里鱼儿自在地游水。教室和宿舍掩映在古老的大树之中。一条清澈见底的小溪,绕着校园欢快地流动。环境幽静,花香扑鼻,叫人心旷神怡,真不愧是一处文人读书的地方。

高斯看到这所占地面积很大,建筑群体雄伟,环境幽美,条件充分的大学校,想起了家乡的小城,两者相比,悬殊极大。"我希望只是环境上的差异,绝不能在知识上比他人差。"高斯勉励自己说。

学习生活开始了,由于他在中小学有坚实的基础,在卡罗琳学院总结了一套良好的治学方法,加上一贯的勤奋刻苦,学校规定的课程,他没有花费多少时间就完全掌握了。他把多余的时间用在研究高深的、学校没有要求而他最热爱的学科上。

高斯的志向不是谋取官吏和军官职位,而在于科学,特别是他最喜好的数学和语言学两门学科。

哥廷根大学的办学方式追随英国的牛津大学和剑桥大学,资金较其他德国大学充裕,较少受政府和教会的管理和干涉。到20世纪上半叶成为世界著名数学家的摇篮,世界数学的中心,并且形成闻名的哥廷根学派,在数学史书中重重地记载了一笔。可惜在1933年希特勒上台后,著名的哥廷根学派衰落了。

高斯当时选中哥廷根大学并不是他"未卜先知",预料到了它后来的极负盛名,据高斯说,选择读这所大学有两个原因:"一是它有藏书(尤其是数学书)极丰的图书馆;二是它有注重改革、侧重科学的好名声。"

当时的哥廷根大学对学生可谓是个"四无世界":无必修科目,无指导教师,无考试和课堂的约束,无学生社团。高斯不喜欢别人打搅和干扰他学习、思考和研究学问,他喜欢在学术自由的环境中成长,甚至将来从事什么职业完全由他自己选择,他希望有孕育自己创造能力的环境,培养自己创新意识的温床。

在就读哥廷根大学之初,高斯一直钟爱着语言和数学,这两门科学伴侣成为他兴趣的支柱。当时刚进大学没有分文理专业,选什么专业由学生以后的发展决定。

学生是教师的影子。一个好的教师,所教学科的好坏,对学生未来职业选择的影响起着不可估量的作用。现在,教高斯语言学的著名语言学家海涅(G. Heyne, 1821—1881)对高斯的影响力超出了教他数学的卡斯特纳(A. G. Kästner, 1719—1800),是做数学家还是语言学家,在高斯脑际徘徊着。

高斯在校第一年在图书馆借阅了 25 本书,只有 5 本自然科学著作,其余皆属人文科学。显然,高斯已经被人文科学磁铁般地吸引了,在两门科学伴侣的天平上开始向语言学倾斜了。高斯对语言和文学的爱好,伴随他走过一生,成为他后来主修数学专业的重要基石,尤其是撰写数学论文,语文帮助了他,他的作品文笔清如水,明若镜,看似平淡却奇崛深奥。

那个时代,以数学为职业者收入不高,高斯当时仍依靠远在家乡的布伦斯维克公爵的资助,他的父母仍在穷苦的生活里挣扎。高斯想要寻找有较高收入的职业,挣更多的钱养活自己,孝敬父母,摆脱贫困,"钱"是高斯在读书时经常要考虑的一个问题。今天来看,一个人较早地有经济头脑并不是坏事,为了收入多而勤奋学习也是无可非议的。

怎样根据自己的条件和优势选择职业,高斯仍在数学与语言学的职业选择上徘徊。

学校图书馆珍藏着比卡罗琳学院更多更深奥的各类书籍,更加满足了他的求知欲望。书是没有围墙的"大学",高斯可以在各个"大学"间漫游,寻找自己最新见解的依据。

在哥廷根大学的第一年,即1795年的一天,高斯在图书馆里借到一本法国数学家勒让德(Legendre,1752—1833)刚出版的数学著作,里面提出了一个问题,这个问题作者说得很模糊,没有明确的结论,也没有证明。一向读书认真、一丝不苟、不拘于成说的高斯看到以后,立刻进行了深入思考。后来,他在勒让德提出问题的基础上,发现了"最小二乘法"。高斯认为,任何物理测量都不是绝对准确的,不同观测者对同一量的测量,即使操作是在尽可能接近或相同的条件下进行,也必然会显示出细微的差异。为了尽可能地减小产生的误差,必须用一种特殊的方法从许多各不相同的测量结果中确定一个最可靠的量。最小二乘法就是在这样的前提下被提出来的一种计算理论。高斯发现的这个方法在实际应用中很方便,减少了许多繁复的试验,可以节省很多时间。

高斯的研究成果有一个特点,就是他研究出的结论,不是急急忙忙写成论文发表,而是先把成果的提出、证明、应用等写成要点,放在一旁,进行"冷却",有空又拿出来推敲,或者装在"脑子"中继续加工思考,直到问题得到圆满解决,才会寄出去发表。高斯的"最小二乘法"这一发现,只先让本校师生知道,并没有及时发表。

高斯为什么要这样做呢?除了当时社会的政治经济背景以外(后面介绍),与当时学术交流的历史传统风气不无关联。

在欧洲,大约在1500年,数学研究成果是用口头交流的,偶尔也写成文字,它们是些手稿。论文的复制品必须用手抄写,所以比较稀少。到了17世纪普及了印刷书籍,但知识的传播并没有如想象那样广泛,因为深奥的高等数学的市场很小,除印数少费用昂贵外,更重要的是像代数和微积分尚没有牢固的逻辑基础。因此,若思考不周、不成熟,数学作品出版以后,接踵而来的往往是肆无忌惮的反对乃至攻击。所以,许多数学家通常是通过写信给朋友的方式来叙述他们的发现,因为怕信件会落到那些可能趁机利用这些非正式文件的人手里,写信人常常把成果写成密码或者搞成字谜,当需要时才把它们翻译出来(在高斯1796年7月10日的笔记本中曾有这类字谜)。

后来,从事数学研究的人多了,要求交换情报资料、传播信息的人多了起来,于是1601年,科学学会或研究院纷纷成立,后来演变为科学院。接着于1665年出现了第一个科学刊物,从此学术交流有了正式组织机构与刊物。

尽管17世纪至18世纪有了较多的交流阵地,报纸杂志不少,但是,历史上那种对论著"肆无忌惮"的反对的精神枷锁仍像幽灵似的在欧洲上空游荡,余毒尚未散尽,后世数学家们心有余悸。因此,谨小慎微的高斯对于自己的作品倍加小心,不到"无可挑剔"时不会送去正式发表。

所以,他发现的"最小二乘法",一直放到1809年才正式发表。这个问题,高斯前后酝酿、加工、修改达13年之久才出版了三部有关这种方法的著作,这种方法后来成为概率统计学的理论基础。

高斯在踏入大学门槛的第一年,以其蓬勃的朝气、敏锐的思考,显露出了引人注目的数学才华,加上他的好学不倦和富有开拓精神,令大学老师和同学们垂青、仰慕和赞叹。这件事也证明:昔日的"神童"用勤奋的汗水和严谨的治学态度,保持了惊人的聪慧,又证明了中国古时的一句话"小时了了,大未必佳"的预言,对于勤奋者是不成立的。

1795年,高斯看到瑞士数学家欧拉(L. Euler, 1707—1783)写的一篇有关数论的文章。数论是研究整数性质的一门科学,我国数学家陈景润等就是研究这门科学的。欧拉在文章里说,他在证明数论中"二次互反律"这个重要性质时,呕心沥血都没有证明出来。高斯读到这里,合上书本,伟大的数学家欧拉好像就站在自己眼前。他读过欧拉的传记,对他十分熟悉,欧拉在1741年被邀请到柏林学院供职,兼任物理数学所所长,1759年成为柏林科学院领导人。欧拉是一位数学巨匠,一生发现了许多数学理论,共发表论文856篇、专著31部。计划出版他的科学全集72卷,至今没有出齐。同时,欧拉还创造了许多数学符号,如1736年倡导"圆周长与直径之比等于圆周率"的"圆周率"符号用π表示;用$f(x)$作为函数符号,用Δx表示增量,用Σ表示求和等,这些符号沿用至今。晚年,欧拉由于劳累过度,双目失明,但他仍旧研究数学,口授(儿子代笔)写出了400篇论文和许多著作,几乎占他一生著作的半数之多。高斯还认识到欧拉取得成绩的秘诀有三:一是有惊人的记忆力;二有是很少见的聚精会神的能力,周围的嘈杂和喧闹从不会影响他的思维;三是镇静自若,孜孜不倦。

如今,欧拉的"二次互反律"没有证明出来。1785年法国数学家勒让德也只给出了一个不完整的证明,这些能家好手都没有证明出来。"也许不能证明吧?"高斯反问自己。"不,我要试试!"只有19岁的高斯明知山有虎,偏向虎山行。他决定向数学老前辈挑战。高斯没有按照欧拉和勒让德所使用的方法去证明,而采取另外的途径,结果,经过他的刻苦钻研,这个定理被高斯证明了出来。

"二次互反律"是数论中一条极为重要的定理,高斯认为这个定理意义深远,把它视为数论中的宝石。因此,他以价值昂贵的黄金命名为"黄金定理"。他太偏爱这个定理了,视为宠儿,他一生给出了八种不同的证明方法。第八种证法,是在高斯去世以后,人们在他的遗稿中发现的,这是一篇没有发表的"黄金定理"的最后一个证明。在高斯的几种证明以后,数学家们先后给出了50多种不同证法,"忽如一夜春风来,千树万树梨花开"。

高斯的"二次互反律"的精彩证明,像一颗光芒四射的新星,划破了寂静的长空,得到了许多人的赞誉。德国柏林大学著名的数学教授克罗内克(L. Kronecker,1823—1891)后来称赞地说:"真想不到,一个这么年轻的人能够独自取得如此丰硕的成果,尤其是对一个崭新的学科提出如此深远而结构严谨的论述,真令人折服。"

老一辈数学家高兴地向年轻人致贺,都评价说:"后生可敬,后生可畏。"

高斯上大学第一、二年时,在深奥的数学王国里,摘下了"最小二乘法"和"二次互反律"两项皇冠,开始受到国内外数学界的注目与赞扬。

照理说,高斯今后应该专门研究数学了。可是,高斯在这所大学里,学习和研究的是两门学科:语言学和数学,而且是他一生心爱的两门学科。现在,要高斯放弃语言学而专门研究数学,他舍不得。所以,此时此刻的高斯,还没有下定决心,还站在通向语言学、数学这两条道路的交叉口上徘徊。

第二年,也就是1796年3月30日,国内外数学界发生了一件轰动一时的特大新闻,出乎人们意料,2 000多年悬而未决的正多边形作图问题,竟被年仅

19岁的高斯解决了。

正多边形的作图,也就是如何等分圆周的问题,即怎样把圆周均匀地分成任意份,自古以来,一直是科学家们最感兴趣的研究课题。早在2 000多年前古希腊的欧几里得(公元前330—公元前275),在他的《几何原本》中就用没有刻度的直尺的圆规(简称为尺规)做出正三角形、正方形、正五边形、正六边形、正十边形、正十五边形以及通过反复二等分这些边所做的正多边形。但是正七边形、正九边形、正十一边形、正十三边形等正多边形,能不能用尺规做出来呢?用尺规做任何正多边形像是一条美女蛇,既诱惑人又害人,2 000多年来,不知白白地吞食过多少人的才华和心血。为了解决这个作图"不可能"问题,在数学发展的历史长河中,许多数学家付出了辛勤劳动,甚至一生的心血,反复研究,最终都失败了。

高斯向他大学的老师求教,老师却劝他莫为此空耗青春。但这却更加激发了高斯强烈的探索欲望。根据古代能够做出的正多边形的实际例子,有人设想(实际是提出猜想):"正多边形的边数如果是大于五的质数,都不可能做出图来。"解决这个问题的包围圈缩小了,突破口显露出来了。设想虽不是现实,但猜想是真理的先驱。

举止文雅却坚强不屈,有事业心又谦虚、质朴、不好显露的高斯,不久又听到大学教授在讲台上形象、生动地介绍了上面这个历史遗留问题时,他那敏捷的思维像触电似的受到了刺激。高斯认为:"没有大胆的猜测,就不可能有伟大的发现。"因此,他下定决心攻克这个难题,就像证明"二次互反律"那样,啃下这块硬骨头。

高斯又到没有围墙的"大学"——图书馆里去了,在管理员的热心帮助下,19岁的高斯在茫茫一片的知识海洋里,寻找历代数学家们对正多边形作图问题的论文、解法,他没有花多少时间,基本上了解了历史上老前辈们辛苦劳动留下来的记载,在攻克正多边形作图问题这个科学堡垒时,有的数学家是从正面攻,失败了,另一些改从不同侧面攻,也都失败了。高斯选择了别人不愿攀登的进攻点,披荆斩棘,攀悬崖登陡壁,终于踩出了一条小路,用汗水和毅力,攻克了这个2 000多年来固若金汤的堡垒。

高斯从正多边形的边数入手,他很快发现从前

别人用尺规做出的正多边形的边数归结起来就是这样几种

$$2^n(n=2,3,\cdots)$$
$$2^n\times 3, 2^n\times 5, 2^n\times 15(n=1,2,\cdots)$$

高斯利用他从小就善于寻找规律的本领,从繁杂的现象中探索事物的本质,不久,他果然找到了规律。他总结出了以前能做出的正多边形的边数,只出现素数 2,3,5 和它们的乘积(如 $3\times 5=15$ 等)。于是他采取类推法判断,大概是以某些特殊的素数或它们的乘积为边数的正多边形可以用圆规和直尺作图。然而 7 是素数,为什么对正七边形作图却百思而不得其解呢?

这时,高斯开始意识到了几何知识的局限性,需要跳出几何学的圈子,利用数学的其他知识去攻克。沿着这条思路走下去,高斯惊喜地发现,3 和 5 恰好是以法国大数学家费马(Fermat,1601—1665)命名的"费马数" $F_n=2^{2^n}+1$ 当 $n=0$ 和 $n=1$ 时的两个数。关于"费马数"的来由很精彩。1640 年费马给本国数学家弗雷尼克(Frenicle,1605—1675)的一封信说,他在研究形如 $F_n=2^{2^n}+1$ 的数时,验证当 $n=0,1,3,4$

时的几个值，F_n 分别等于 3，5，17，257，和 65 537，它们都是素数。于是，费马贸然断言："当 n 取更大整数时，$F_n = 2^{2^n} + 1$ 都是素数。"19 年后的 1659 年，费马兴冲冲地又写信报告他的朋友卡克威，说用一种"最速下降法"证明了 F_n 是素数。对于这一结论，由于当时没有人见到他的证明，验算量大且难，而且费马的数学声望很高，所以在很长一段时间里没有人怀疑这一猜想的正确性，于是 $F_n = 2^{2^n} + 1$ 便被人们称为"费马数"或"费马素数"或"费马公式"。

"智者千虑，必有一失。"费马仅由 0 至 4 这 5 个数值就贸然断定 F_n 都是素数，导致数学历史上长达 100 多年里、没有人及时发现的一个数学大错误，说来令人难以置信，但这是事实。(后人分析，当时他可能受到费马小定理逆定理的困惑而产生了伪素数的结论)。

经过将近 100 年之后，瑞士数学家欧拉(Euler，1707—1783)在 1732 年才举出了第一个反例，当 $n = 5$，时

$$F_5 = 2^{2^5} + 1 = 4\ 294\ 967\ 297$$

不是一个素数，而是 6 700 417 和 641 的乘积，即是一

个合数。这纠正了费马的谬误。这一错误成了后人明鉴:在学习数学归纳法时,不能片面地、简单地由一些数成立推广到一般,必须按数学归纳法证明后才能断言。

后来,人们又发现 n 为 6 至 16 时,费马数也是合数,n 越大手工计算越难。到目前为止,人们凭借电子计算机又发现了 46 个费马数是合数,特别是 20 世纪 70 年代算出 $F_{1\,945}$ 是一个巨大的和数,竟有 10^{10584} 位数。

虽然费马的"一贯正确"被打破了,但费马数却名声大振,当另一个伟人高斯的思维导线接通了 100 多年前的费马数 $F_0 = 3$ 和 $F_1 = 5$ 以后,费马数再度闪烁出夺目的光彩,因为高斯迅速地把思维的包围圈再次缩小了,他又推断:大概以费马素数为边数的正多边形可以用尺规完成。于是,他跨越素数 7,9 和 11,开始致力于下一个费马数 $F_2 = 2^{2^2} + 1 = 17$ 为边数的正十七边数的作图。果然,高斯成功了,他用尺规完成了正十七边形的作图问题。在五年后的 1801 年,高斯借助费马数 $F_n = 2^{2^n} + 1$ 发现并证明了以他名字命名的"高斯定理"。

高斯完成上述工作恰好是1796年3月30日,距他19岁还差一个月,但近似地说他在19岁做出了正十七边形。

伟大的成功使高斯惊喜无比,他兴冲冲地跑到著名数学家克斯特纳那里说:"我做出了正十七边形。"教授哑然失笑,他连看也不看这个才进大学的学生一眼,并轻视地说高斯必错无疑。高斯向教授争辩说:他确实已经用降次法解出了二次方程$x^{17}-1=0$,并且由此给出了正十七边形作图可能性的证明。教授认为高斯是在梦呓,并嘲笑地说:"噢,好,我已经这样做了。"

一篇雄辩的论文问世了,一个叱咤风云的结果推翻了前人的"不可能",他用尺规做出了正十七边形。

论文为国内外数学名流所折服,包括克斯特纳。周围的师生都赞扬他,国内外的数学家们也都写来了贺信,特别是远隔千里的巴特尔斯,也写来了贺信赞扬高斯。巴特尔斯是高斯小学的辅导老师,对高斯的一生影响很大。巴特尔斯后来考上大学,并以优异的成绩毕业后,在俄国喀山大学任教。高斯收到了盈尺高的信件,但对这封不寻常的信,他感慨万千,立刻回信,谦逊地说:"我的成果里有恩师您的汗水……"

对于一个19岁的大学生来说,生平第一次受到国内外数学家们的重视,成了科学界的明星,他是多么兴奋啊!

在一片赞扬声中,高斯想"正十七边形可以做,那么还有哪些边数的正多边形可以做呢?总不能每个都去一一试验后再做定论吧?能否找出一种判别方法呢?"高斯在心中问自己。

高斯又去阅读前人研究这个问题的零星片断资料,并在分析别人失败的原因和自己探索体验的基础上产生了想象。"想象是灵魂的眼睛。"高斯想起法国作家茹贝尔(J. Joubert,1754—1824)说的这句名言。高斯凭着想象力和求知的欲望来猜测,进而研究,在五年断断续续的研究中写过的草稿纸堆积起来有一人多高。

五年后的1801年,高斯找到了判别哪些正多边形可以做出、哪些不能做出的条件与方法。这又是一个出色而又完美的研究。高斯简洁漂亮地证明了下面这个流芳百世的定理:"凡边数是 $2^{2^n}+1$ 形式的费马素数的圆内接正多边形必然能用尺规作图。"具体地说,当圆内接正 n 边形属于且仅属于下列情形之一时,可以用尺规作图:

(1) $n=2^m$,m 为大于等于 2 的整数;

(2) $n=p=2^{2^n}+1$,n 是非负整数且 p 是素数;

(3) $n=2^m \cdot p_1 \cdot p_2 \cdot p_3 \cdots p_k$,这里 m 是非负整数,$p_1,p_2,p_3\cdots,p_k$ 是 $2^{2^n}+1$ 型而且各不相等的素数。

这个一般性定理又是一个震惊数学界的成果。

从此,用尺规做多边形的可能性问题基本上解决了。

这个出色的定理是如此的重要,使用起来也极为方便,节省了许多人探索的血汗,后人发自肺腑地感激,并把这个定理称为"高斯定理"或者"高斯判别法"。

根据高斯判别法,边数不超过 100 的正多边形中,只有 24 个可以用尺规作图,其余 76 个都不行。如边数为 3,4,5,6,8,10,12,15,16,17,20 等的正多边形都可以做出,但是边数为 7,9,11,13,14,18,19

等的正多边形却不行。

正十七边形作图的论证十分复杂(此略),我们只能欣赏一下高斯的作图方法:

用今式写出高斯的做法步骤如下(如图1):

(1)作一个以 O 为圆心,半径为 OA 的半圆。

(2)过 O 作垂直于 OA 的半径 OB,

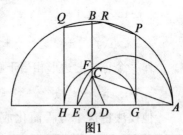

图1

并在 OB 上取一点 C,使 $OC = \frac{1}{4}OB$。

(3)作 $\angle OCD = \frac{1}{4}\angle OCA$。

(4)作 $\angle ECD = 45°$,以 EA 为直径作一个半圆交 OB 于 F。

(5)以 D 为圆心,DF 为半径再做一个半圆交 OA 所在的直径于 H, G。

(6)过 G 和 H 作垂线,交大圆于 P 和 Q,则 P 和 Q 是等于圆周长的 $\frac{2}{17}$ 的一段弧,即 $\overset{\frown}{PQ}$ 的两个端点。

(7)作 $\overset{\frown}{PQ}$ 的分点为 R,则 PR 或 RQ 就是正十七

边形的边长。

高斯用几何与代数相结合的巧妙方法,将"画一个 n 个角的正多边形"的几何问题,变成"求方程 $x^n-1=0$ 的根"的代数问题。由于

$$x^n - 1 = (x-1)(x^{n-1}) \cdot$$
$$(x^{n-1} + x^{n-2} + \cdots + x^2 + x + 1) = 0$$

作一个正十七边形相当于解方程

$$x^{16} + x^{15} + \cdots + x^2 + x + 1 = 0$$

他设法将这个方程简化成一串二次方程,而二次方程用尺规作图求解的可能性是已被证明过的。因此,正十七边形可以做出。

高斯的证明虽然很复杂难懂,但可以简单地叙述一下他的证明思路。运用几何学知识很容易证明:凡是由有理数通过加、减、乘、除和开方五种运算,经有限次得出来的数量(用线段长度表示量),都可以由尺规作图法做出来。因此,一个正 n 边形能否用尺规做出来,关键要看方程 $x^n - 1 = 0$ 的复数根的实部和虚部的数量是否由加、减、乘、除、开方等五种运算构成。例如,$x^3 - 1 = 0$,即 $(x-1)(x^2+x+1) = 0$ 的三个根是

$$x_1 = 1$$

$$x_2 = -\frac{1}{2} + \frac{\sqrt{3}}{2}i$$

$$x_3 = x_2^2 = -\frac{1}{2} - \frac{\sqrt{3}}{2}i$$

它们的实部和虚部显然是由上述五种运算构成的,所以正三边形可以用圆规和直尺做出来。

又如,$x^5 - 1 = 0$ 的五个根是

$$x_1 = 1$$

$$x_{2,3,4,5} = \frac{1}{2}\left[\left(\frac{-1 \pm \sqrt{5}}{2}\right) \pm \sqrt{4 - \left(\frac{-1 \pm \sqrt{5}}{5}\right)^2}i\right]$$

也符合上述条件,所以正五边形也可以用尺规做出来。

高斯运用他坚实的数学基础和娴熟的计算技巧,求解了以第三个费马数 $F_3 = 2^{2^2} + 1 = 17$ 为指数的方程 $x^{17} - 1 = 0$,即

$$(x-1)(x^{16} + x^{15} + \cdots + x^2 + x + 1) = 0$$

简化成一串二次方程以后,得到了它的 17 个根

$$x_1 = 1$$

$$x_2 = \frac{1}{2}(\omega + \sqrt{\omega^2 - 4})$$

$$x_3 = x_2^{-1} = \frac{1}{2}(\omega - \sqrt{\omega^2 - 4})$$

其余的分点可由 $x_2^k(k = \pm 2, \pm 3, \cdots, \pm 8)$ 表出,其中

$$\omega = \frac{1}{8}(\sqrt{17} - 1 + \sqrt{34 - 2\sqrt{17}}) +$$

$$\frac{1}{8}\sqrt{\sqrt{17} - 1 + \sqrt{34 - 2\sqrt{17}} + 16(\sqrt{17} + 1 - \sqrt{34 + 2\sqrt{17}})}$$

这个根数完全是由加、减、乘、除和开方表示出来的,因此高斯证明了正十七边形作图的可能性。

高斯就是这样巧妙地用代数的方法解决了这个几何难题,建立了哪些正多边形能做的判定定理。这是一个划时代的理论成果,远远超出了当时的水平。

工欲善其事,必先利其器。没有方法上的改进,要想取得突破是不可能的。高斯研究正多边形的尺规作图的方法构思是如此的美妙,把数与形这两个不同的方面联系起来思考,即几何问题用代数方法来解,闯出了一条划时代的康庄大道,直到今天,这种数学方法仍是一种重要方法。

成功地做出了正十七边形,高斯是那样的兴奋。

他后来写道:"我是从做出正十七边形起才决心致力于数学的。"他现在下了决心,放弃了研究语言学的理想,而立志为数学研究献出毕生精力。

高斯生前曾立下遗嘱:在他死后,在墓碑上刻上一个正17边形,以纪念他青少年时代最重要的数学发现。这好像1596年德国数学家柯伦又译鲁道夫(C. Ludolph,1540—1610)几乎把毕生精力都花在圆周率π值的计算上一样,他求得π的35位小数,因此他的遗嘱是死后要人们在他的墓碑上刻上一个"π"字,作为全部墓志铭。

后来,高斯去世以后,按照他的遗嘱在哥廷根大学校园里为他建了一个纪念塑像,供后人千秋瞻仰,碑座便是一个正十七棱柱体。

高斯定理发表以后,人们有了理论做基础,就保证可以做出定理所说的正多边形了。后来有数学家按照高斯定理所指出的原则,解决了一些正多边形的做法。

1832年,德国数学家黎西罗(F. J. Richelot,1808—1875)做出了正257边形,过程之烦琐,花的力气之大,令人吃惊,他的作图步骤竟写了80多页厚厚一大本。

还有另一个林根(Lingen)的数学家赫尔梅斯(Hermes)教授,耗费10年心血,做出了正65 537边形,仅手稿纸就装满了一手提箱,至今保存在哥廷根大学。

这说明,在数学上或者科学上每前进一步,都需要付出巨大的代价,只有不屈不挠的人才能夺取新的更大的胜利。

高斯解决了正十七边形作图问题以后,后人评价说:数学发展史同时也是数学家的创造史。正是数学家孜孜不倦地学习,默默无闻地奉献,含辛茹苦地求索,视死如归地推行真理,不屈不挠地奋斗,谱写了数学发展的曲曲壮歌,为人类塑造了崇高的典范,永远激励着人们百折不挠地探索真理,坚持真理。高斯对人类的贡献,名彪史册,他饱含心酸苦泪的探索和创造,将永远给人无穷力量,催人奋进!

高斯勤于思、善于观,他恪守这样的原则:"问题在思想上没有搞通之前,绝不动笔。"但他常常把自己的科学发现,用言简意赅的文字记录下来。

高斯去世43年后的1898年,一个偶然的机会,人们在高斯的孙子的财产中发现了一本笔记,高斯在上面记录了他的众多科学发现,并称之为"日志录"(Notizen Journal),后人称之为"科学日记"或"数学日记"。这是一本研究高斯的重要文献,他是从19岁(1796年)开始写日记的。

纵观自1796年至1804年仅仅8年的日记,记述着他进入哥廷根大学至毕业后几年的才思横溢、智慧超群、气势磅礴、思想精深的科学发现历程,初步整理出146条新发现或定理的证明。由于高斯的这些发现在生前没有正式发表,这本日记成了后来判定高斯学术成就的重要依据。下面摘其在哥廷根大学学习期间的一段日记,其中记录了许多重要的信息:

1796年4月8日,得到数论中重要定理"二次互反律"的第一个严格证明。

1797年1月7日,开始研究双纽线。

1797年3月19日,认识到在复数域中,双纽线积分具有双周期。

1797年10月,证明了代数基本定理。

……

什么是创造性研究,高斯日记中的这些内容就是创造性研究,是前人没有开垦的处女地,或者在前人的基础上得到更广泛崭新的结论,成就或奠定一门科学的诞生。"创造"确实是人们常形容的那样:是一幅深邃的意境,不仅仅是一丛芳草在春天的阳光下微笑,又不像火山喷发那样短促而绚烂壮观。创造是一种顽强不息拼搏进取的象征和表现,是艺术和科学精神升华的完美图画。

第六章 年轻的博士

高斯从1795年到1798年在大学读书的三年里,在良师益友的帮助和知识的哺育下,他的数学研究和成果,像喷泉般地涌流而出。他的研究涉及数论、代数、数学分析、几何、概率论等各个方面。高斯后来发表的成果都留有这时期的思想痕迹。大学三年是高斯思维最敏捷、精力最充沛、成果最多的黄金时期。

1798年,高斯以优异的成绩毕业后,回到了可爱的故乡——布伦斯维克。

回家那一天,一路风尘污垢还没有盥洗干净,高斯就转身去看望布特纳老师。布特纳老师热情地和高斯拥抱。久别重逢,激动的泪珠在布特纳老师和高斯脸上滚动。高斯感激恩师的精心培育,而布特纳老师也为高斯没有忘记自己而欣慰,更重要的是老师十分高兴地看到,昔日"神童"更加成熟了。

高斯在故乡的一年里,亲友们都劝他到德国名胜区游览,好好地放松一下。

高斯知道德国最好的游览地有著名的四大河流——绮丽的莱茵河、蓝色的多瑙河、美丽的易北河和妩媚多姿的威悉河,还有峻峭的黑林山,雄伟的阿尔卑斯山和广阔的巴伐利亚牧场等,都是极好的游览地。

除蓝色的多瑙河外,其他三条河,都是自南向北流入北海。这些古老而美丽的河流灌溉着广阔沃土,哺育着两岸人民。河流不仅在国内构成稠密的内河航道,而且是其他中欧国家的国际水道。河流沿岸开辟了许多游览胜地,国内外游客终年不绝。尤其是古老的莱茵河和多瑙河更吸引游客。

莱茵河两岸,岗陵起伏、林木繁茂,葡萄园绵延不断,偶尔点缀着优雅的市镇。

而悠久的多瑙河,源于南部的黑林山,向东流经奥地利、捷克、斯洛伐克等几个国家,最后流入北面浩瀚的黑海。在德国及奥地利境内的多瑙河分为几段,有急流区,也有缓静区,河道狭窄处,两岸多陡峭岩壁,急流险滩,令人惊心动魄。

多瑙河畔绿树成行,碧草如茵,风光如画,游客笑语、歌声随风荡漾。一座座建筑物,外形美观,色彩柔和,供游客小憩。

这般美好的河山,对高斯同样具有极大的吸引力,但他哪有闲心去游山玩水,他需要把自己锁在书房里,专心地撰写博士论文。妈妈和女朋友担心他的身体,而他早已习惯于不知疲倦地游弋在数学的海洋里。

春天来了,论文还没有写完。布伦斯维克城的公园春意正浓、十分迷人。妈妈、女友、老师多次劝他郊游,领受大自然无私的奉献,高斯都婉言谢绝了。

高斯白天的工作忙完了,晚上还要在灯光下全神贯注地伏案阅读、思考和计算,甚至有时在梦里还惦念着。

屋檐上乳燕的窃窃细语,屋外嘈杂的车马人声,似乎与他毫不相干,他仿佛置身于一种异常静谧的意境,那儿是另一个世界:尽是些奇异的符号 x, y, dx, dy 和数字;草稿纸像雪片铺满桌面,像一座座风景如画的山峦。

1799年,论文终于写好了。随后他寄给了赫尔姆施泰特(Helmstedt)大学,这篇博士论文的题目是《所有单变量的有理代数函数都可分解成一次或二次的因式定理的新证明》。这篇学位论文提出的定理解决了方程的根的个数问题,而方程论是初等代数的核心,所以这个定理又被高斯称为"代数基本定理"。

今天的初中学生都知道,代数课本上说:"任何一元代数方程都有根。"如一次方程 $3x+2=0$ 有一个根 $x=-\frac{2}{3}$;二次方程 $x^2-5x+6=0$ 有两个根,$x_1=2, x_2=3$。那么,一般情形的方程

$$a_1 x^{n-1} + a_2 x^{n-2} + a_3 x^{n-3} + \cdots + a_{n-1} x + a_n = 0$$

当 $a_1, a_2, \cdots, a_n$ 为实数时,方程有没有根?有多少个根?再推广,当 $a_1, a_2, \cdots, a_n$ 为复数时,方程有没有根(即根的存在性)?有多少个根(即根的个数)?高斯研究的就是后面这种复杂抽象方程根的存在,即"对于复数域,每个次数大于等于1的复数多项式在复数域中至少有一个根",从而可得"一个一元 n 次方程有且只有 n 个根"。

1799年,高斯给出了第一个证明,他证明了任何一个复系数的单变量的代数方程至少有一个复数根。虽然第一个证明有一定漏洞,但这是一个史无前例的概括性强的、具有高度创造性的普遍性定理的证明,是研究方程论的重要出发点。

这个"代数基本定理"的最原始思想是印度数学家婆什迦罗(Bhāskara,1114—1185?)于1150年在《丽罗娃提》一书提出来的。"丽罗娃提"一词是"美丽"的意思,也是他爱女的名字。他为什么要以女儿名字作为书名呢?原来,这位穷数学家的女儿要出嫁了,他买不起嫁妆,就把出版的书送给即将出嫁的掌上明珠。婆什迦罗在书中不仅完整地首次提出了一元二次方程 $ax^2+bx+c=0(a\neq 0)$ 的求根公式

$$x=\frac{-b\pm\sqrt{b^2-4ac}}{2a}$$

而且发现了负数作为方程根的可能性(过去许多人不承认负数),第一次触及方程根的个数,即一元二次方程的根有2个。这是一个破天荒的发现,无论是久远的巴比伦人的原始解方程,还是古老中国的"开方术"(解方程的方法),都没有提出过方程的根的个

数问题。三次方程根的个数,前后经过近600年才被肯定有三个。那么,一元四次、五次,……,n次方程各有多少个根呢?

1608年,德国数学家罗特(P. Rothe,约1580—1617)提出n次方程有n个根的猜测,但由于根据不足,当时没有引起较大的反响。1629年,荷兰数学家吉拉尔(A. Girard,1595—1632)在《代数新发现》中再次提出罗特猜想,也未引起人们的注意。笛卡儿在他的《几何》(1637)第三卷中提出:"一个多少次的方程就能有多少个根。"依然没有引起数学家们的响应。直到1742年12月15日,134年过去了,欧拉在给朋友的一封信中,明确地陈述了这个"代数基本定理",也许是"名人效应"和认知的提高,才引起了一些权威数学家的注意,开始了对这个猜想的证明。4年后的1746年,法国数学家达朗贝尔(D'Alembert,1717—1783),欧拉本人,拉格朗日等先后试图给出证明,但都没有成功。半个多世纪过去了,善于"啃"硬骨头的高斯,知难而上,他的博士论文就选择了这样一个100多年前提出,又经过50多年都没有人能够证明的难题。

赫尔姆施泰特大学博士委员收到高斯的论文以后,先由审查委员会的教授们传阅,教授们读后震惊了,100多年前的猜想成真了!特别是这篇论文语词瑰丽清新,论证严密,说理清晰,充分显现了作者出众的才华。教授们为论文所表现出的殊艰的求索精神所感动,论文很快获得了通过。

高斯这篇博士论文《所有单变量的有理代数函数都可分解成一次或二次的因式定理的新证明》的审稿和导师是当时德国最负盛名的数学家普法夫(J. F. Pfaff,1765—1825)。他原是高斯的老师,后来与高斯成为好朋友。普法夫教授主要从事微分方程的研究,有一种微分方程就是以他的名字命名的——"普法夫方程"。他首先提出"超几何"一词,用以形容微分方程的一种级数解。数学中还有一系列用他的名字命名的概念和术语。普法夫除了任赫尔姆施泰特大学教授外,还任哈雷大学教授,1817年成为普鲁士科学院院士,因此,普法夫在德国是一位著名的数学家。

有趣的是,在高斯成名以后,他的好友,德国柏林大科学家洪堡(A. Humboldt,1769—1859)曾在一次学术会议休息时间问法国大数学家、力学家拉普拉斯(P. S. M. Laplace,1749—1827):"谁是德国最伟大的数学家?"

"是普法夫。"拉普拉斯回答说。

"那么高斯呢?"

拉普拉斯戏谑地说:"高斯是全世界最伟大的数学家!"

此话虽然是开玩笑之语,但也可看出高斯已经和他的导师并列甚至超过了他的导师。

高斯的博士论文通过以后,没有钱出版发行,因为当时出版作品,都是自费出版。布伦斯维克公爵有个不成文的规定:不愿由他资助的学生在他所辖领地之外的大学获取文凭。这条规矩一直被他奉为圭臬。现在高斯获得的博士学位,是在他的管辖地取得的,因此,公爵欣然解囊。1799年8月,公爵捐资出版了高斯这篇博大精深的论文。

一天,一位朋友来看望高斯,在谈到科学家没有钱出版自己的著作时对高斯说:"钱是什么?钱是人世间唯一的光亮,照在哪里哪里亮,它唯一照不到之处,便是世人眼里唯一发黑的地方。"

"不错,钱是幸福的依据,但也是罪恶的根源。"高斯回答说。

"不,不,不。有了钱,就有温暖舒适的裘衣,有美味的佳肴,有身份、有地位、有名气……"朋友坚持说。

"钱容易求得自己的温暖,但难于求到幸福。在世人眼里唯一发黑的地方,还有更明亮、更眩目的东西,那就是科学技术,这才是真正的光亮——太阳之光,真理之光,充满人生乐趣的奋斗之光!"高斯不同意朋友的说法。在高斯看来,金钱固然重要,但并非万能,因为钱可以买到房屋,但买不到家;钱可以买到虚名,但买不到实学;钱可以买到书籍,但买不到智慧;钱可以买到药物,但买不到健康……

博士论文出版后,高斯寄送给了一些朋友,1799年12月16日,他在赠书给大学同窗好友、匈牙利数学家波尔约(F. Bolyai,1802—1860)时,还写了一封信介绍说:"题目相当清楚地讲明了文章的主要目的,虽然它只占篇幅的三分之一,其余是讲述历史和其他数学家(如达朗贝尔、欧拉、拉格朗日等)相应工作的评判,以及关于当代数学之肤浅的各种评论。"

的确,正如前述,这篇博士论文反映了高斯研究风格的另一个方面,就是强调严密的逻辑推理,这是当时欧洲数学家所缺少的一种风格。

高斯关于代数基本定理的论文,并没有具体构造出代数方程的解,而是一种纯粹的存在性证明。令人吃惊和感到有趣的是,在高斯第一个证明中,虽然必须依赖复数,但因当时数学家们对待虚数的本质争论不休,聪明的高斯怕引起反对或争论,采取了回避的态度,尽量避免直接使用虚数。他巧妙地设下陷阱,即预先假定了直角坐标平面上的点与复数的一一对应,而将论及的函数分为实部和虚部分别加以讨论,最终给出了第一个代数基本定理的证明。当然采用这种绕道回避的结果,造成了逻辑上的不完美缺陷,致使他后来一个接一个证明的出现,直到在庆祝他获得博士学位50周年时,数坛平息了对虚数本质的责难,统一了认识。虚数理论上的突破,带来时间的广泛应用,人们视复数为数学的一个宠儿,高斯才直接运用了复数给出最后一个完美漂亮的证明,前后相差半个世纪。

历史的鸿篇翻动了一页又一页,高斯磨秃了一支又一支笔,痛苦与憔悴写满了高斯的面颊时,延续50年的"代数基本定理"的多种证明才画上一个句号。可见科研之路是如此的艰辛。

1799年,22岁的高斯获得了博士学位。同年,高斯又获得了讲师职称。但是,他没有找到讲师职位的工作,仍在家待业。

亲朋好友们的口头祝贺,高斯领情致谢;但对于宴请、邀访、记者会等应酬他都拒绝了。他不喜欢这种无聊的浪费时间的游戏。当然,对学生来访和青年学者的求教,他总是热情接待。这些未来科学探索者们总是带着问题而来,满意而去。高斯觉得科学是没有地域限制的,就像多瑙河、莱茵河流经诸国,一泻千里。

不久,工作在俄国喀山大学数理系的巴特尔斯老师——高斯少年时代智慧的引路人,从报上看到高斯获得博士学位以后,又写来了热情的贺信,巴特尔斯最后说:"博士是做探究工作的起始,而不是终点。"高斯读后,把这句话铭记在心。

高斯成为一个翩翩青年,他的学识被公认已超越自己的师长,进入名人之列了,但他仍尊敬自己的师长。

一天,布特纳老师又来看望高斯,问高斯在想什么。

"绝不能以为获得一个证明以后,研究便结束,或把寻找另外的证明当作多余的奢侈品。"高斯对老师谈了"代数基本定理"的第一个证明以后,认为应该寻找另外的证明,而不能满足现状。

布特纳老师很了解高斯,高斯很喜欢"代数基本定理",当他给出第一种证法以后,就像"黄金定理"的多种证明那样,又在想第二种证明方法,想出第二种方法后,再考虑第三、第四种方法……这是高斯一生科学研究和平时学习的一大特点。

相隔16年后的1815年,高斯给出了第二个证明。第二种证法假定了当多项式在 x 的两个不同的值之间没有零点时,它在这两个值处不可能改变符号,这在今日来看虽然不够严密,但高斯的抽象思维能力是别的数学家难以媲美的。

第二种证明发表一年之后,追求精益求精的高斯,为了简化与完善证明,第二年即1816年又给出了第三种证明,这种证明更精练,知识更抽象,他应用了法国数学家柯西(A. L. Cauchy,1789—1857)创立的积分定理的概念,又给出了一个完整、漂亮的证明。

高斯太偏爱这个定理了,一直到老,还念念不忘再简化证明,多层次、多角度地寻找新证明的途径。年逾古稀、白发盈头的高斯,不因日暮残年而休闲,一刻也没有放松研究,正如他对他的朋友说:"夕阳无限好,人生重晚情。"他老骥伏枥,终于在1850年又给出了第四个证明,和第一个相隔整整半个世纪。第四种证法是在第一种证明的基础上给出的,并且,他还严谨地证明了任何复系数单变量 n 次方程有 n 个复数根。

高斯研究"代数基本定理"的各种证法,奠定了代数方程论的理论基础。可以这样说,他开创了探讨数学中整个存在性问题的新途径,这是他毅力与智慧的结晶,是他一生不懈奋斗留给后世的一条华丽的轨迹。

为什么高斯要这样寻觅多种证法呢?他在给大学同学,匈牙利数学家波尔约的信中写道:"有时候,你开始没有得到最简单和最美妙的证明,但却又是这样的证明才能深入到最高级算术(数论)的真理的奇妙联系中去,这正是吸引我们去继续研究的动力,并且能使我们有所发现。"

高斯对同一个问题不停地研究,反复推敲,不断寻找新方法,始终不满足已有成就的这种科研精神,成为后世佳传。后世的数学评论家说:高斯的这种一题多证(解)的方法,还可以发展人们的逻辑思维能力和提高分析问题的能力,可以使基础知识和基本技能得到灵活应用和综合应用,达到融会贯通,促进钻研与独立思考,帮助人们发现知识的内在联系,找出最合理、最简捷的解(证)题途径,从而培养创新精神。一句话,"一题多证"可以启发、引导灵活运用所学过的各种知识和技能,从不同角度去思考、探索、解决同一个问题。这也是数学家的基本功之一。

第七章 高斯平面

高斯在"代数基本定理"的第三种证明中应用了一个很深奥难懂的"复积分"。这件事说明他很早就栽培了复数这朵鲜艳、夺目、诱人,但却带刺的科学之花。

什么叫作复数,现在的中学生是清楚的。在初中我们知道方程 $x+3=0, x^2=2$ 在实数范围内的解分别为 $x=-3, x=\pm\sqrt{2}$。但是方程 $x^2=-1$ 在实数范围内是无解的,因为没有一个实数的平方等于 -1。在 16 世纪,由于解方程的需要,人们开始引进了一个新数 i,称为虚数单位(简称虚数),且 $i^2=-1$,于是就产生了复数。

说起复数,在它诞生以后,引起了一场历史性的风波。这故事说来话长。

早在 16 世纪就诞生了复数,它在当时的数学界引起长时间的激烈争论,有人怀疑,有人否定,包括当时很有名气的数学家在内。因此,很久以来,人们都把这种新发现的数形容为"虚的""不可能的""想象中的"等,给它披上了神秘的色彩,并认为虚数的奥妙难以捉摸,给人虚无缥缈的感觉。1545年,人称"怪杰"的意大利数学家卡尔达诺(G. Gardano,1501—1576)说虚数是"虚假的""诡辩量"。微积分创始人之一、著名的德国数学家莱布尼茨(G. W. Leibniz,1646—1716)在1702年也说:"虚数是神灵美妙与惊奇的隐蔽所,它几乎是存在又不存在的两栖物。"

这场对虚数认识的学术争论一直持续了300年左右。正当争论激烈,难分难解,谁也说服不了谁的时候,早在1799年就开始研究复数的高斯采用一种比较通俗的处理手法,就是以几何方法将复数表示为平面上的点,直观地说明了这个被扭曲变形的数不是"虚构的",而是一个实实在在的数。这个方法最初发表在1799年,但没有引起争论不休的人们的注意;后来,他在论文《双二次剩余理论》所做的说明中又提到它,仍不为人们所注意。为什么呢? 正如高斯写道:"迄今为止,人们对于虚数的考虑,依然在很大程度上把虚数归结为一个有毛病的概念,以致给虚数蒙上一层朦胧而神奇的色彩。我认为只要不把 $+1$,-1,$\sqrt{-1}$,叫作正一、负一和虚一,而称之为向前一、反向一和侧向一,那么这层朦胧而神奇的色彩即可消失。"

数学权威高斯提出把"$\sqrt{-1}$"从"虚一"改称为"侧向一"的意见,没有被数学家们所接受。因为符号 $+1$(正一),-1(负一)早在 16 世纪已被人们所公认,而"虚一"或"侧向一"都是模糊说法。所以,高斯的建议仍没有驱散蒙在数学家们心头的阴影,"神奇的色彩"并没有立刻消失。

聪明的高斯深切地感到,要使神秘莫测的虚数被人们接受,关键是继续进行复数的几何表示法的研究工作。

高斯当时并不知道,关于复数的几何表示法,并不只是他一个人在思考、研究,几乎同时,包括高斯在内,世界各地至少有四位数学家正在不懈地努力,探索复数的几何表示方法。在科学发现史上,一些重大科学理论体系、方法,或者小至某个定理、法则,可能同时被许多互不相关的人独立发现,正如1823年11月匈牙利数学家F. 波尔约在写给他儿子的信中所说:"许多事物似乎都有一个同时在几处被发现的出世时间,就像春天一到,紫罗兰到处可见那样。"

关于复数的几何表示,最早意识到的是英国数学家瓦里士(J. Wallis,1616—1703)。他在1685年出版的《代数学》一书中提到:在直线上找不到虚数的几何表示,必须转到平面上去找。他在书中说明了怎样几何地表示二次方程的复数根,但他没有引入虚数的概念。瓦里士的工作实际上是寻找"复数的几何表示"的萌芽、序曲,真正进行实质性工作的是与高斯同时代的几位数学家。

比高斯早两年研究"复数的几何表示法"的是出生于挪威的丹麦数学家韦塞尔(C. Wessel,1745—1818),他在1797年向丹麦科学院递交了题为《方向的解析表示》(原文为丹麦文,于1799年发表,值得回忆的是,韦塞尔的论文被数学界遗忘了,直到他死后约98年,才被一位古董商人挖掘出来,然后,在其第一次发表的一百周年,被重新发表)的论文,引进了实轴和虚轴,直到该文译成法文后才引起人们的重视。他提出用 +1 表示正方向的单位,用 +ε 表示与正方向垂直且与正方向具有共同原点的另一方向的单位,并且他把 $\sqrt{-1}$ 记为 ε,如这样一个复数 $a+bi$ 相当于 $a+b\varepsilon$。如图2,与向量 $\overrightarrow{OM}$ 对应起来了,从而建立了复数的几何表示。他

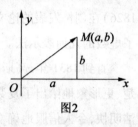

图2

还把复数写成 $\cos v+\varepsilon\sin v$ 的形式,与现在写法 $z=\cos\theta+i\sin\theta$ 基本一致,估计韦塞尔的声望或传播面小,竟没有让高斯等众多著名的数学家了解这一成果。

瑞士自学成才的数学家阿尔冈(J. R. Argand,1768—1822)于1806年出版了《试论几何作图中虚量的表示法》(又译为《虚量,它的几何解释》),在他这部唯一的数学专著中,他把虚数 $\sqrt{-1}$ 看作是平面直角坐标逆时针旋转90°的结果,而 $-\sqrt{-1}$ 是按顺时针方向旋转90°。他还引入了复数的模(对应向量的长),使复数的几何表示更加简洁,同时,他还成功

地解释了复数运算的意义。复数平面曾被称为阿尔冈平面。

与阿尔冈同年,英国的比耶(A. Q. Buée,1748—1826)在剑桥发表的论文《论虚数》(1806年)也给出了虚数的几何表示法。

直到1831年,高斯在一期《哥廷根学报》上更清楚、更形象地给出了复数的几何表示法,比前两次简洁明快,令人信服地确立了复数的重要意义与价值。高斯第一次把 $a+bi$ 形式开始叫作复数(a,b 为实数),他不仅将 $a+bi$ 表示为复平面上的一点,而且阐述了复数的几何加法与乘法。他当时设计的复平面如图3中的四个图形。

高斯这次发表的虚数图像表示法,像一声春雷震惊了世界,令争论中的人们目瞪口呆,难以置信。困惑人类300年的复数问题,在众多数学家和高斯笔尖下解决了。数学家们从图上清楚地看到虚数不虚,而是"实"(存在)的,并且看得见,画得出,用得着,是客观世界实实在在的一种数。于是,数学家们的争论不休、一片猜疑停止了,复数的神秘感消失了。

至此,复数理论建立了,人们承认了数系王国里的这个新伙伴,并与它建立了亲密无间的感情。它的存在、用途后来都能被中学生掌握了。可是,由于历史遗留下来的误解的痕迹,这个"虚"字仍保留了下来。

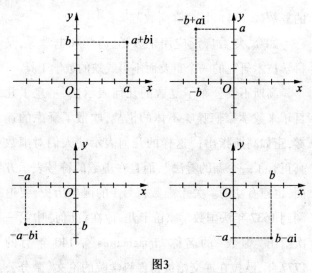

图3

从图上可见,任一复数 $a+bi$ 和平面直角坐标系中点的坐标 (a,b) 之间可以建立一一对应,这种和复数全体建立一一对应的坐标平面称为复数平面或者简称为复平面。人们为纪念直角坐标的发明人笛卡儿,把直角坐标系命名为"笛卡儿直角坐标系",简称笛卡儿坐标。同样,科学家们为了纪念高斯这一发明,又把复数平面命名为"高斯平面"(在这之前复数平面被称为阿尔冈平面,但一直埋没了最早的贡献者韦塞尔)。同时具有整数分量(即 a,b 都是整数)的复数($a+bi$)叫作"高斯数"。

如今,复数广泛应用于数学、力学和电学等,是科学技术研究的一个重要而不可或缺的数学工具。

高斯不仅公布了复数的几何表示法,平息了几百年来数学家们喋喋不休的论战,吹散了疑虑的迷雾,正如高斯指出,"这样的几何表示使人们对虚数真正有了一个新的看法",而且在虚数的符号表示方面,也建有功勋。关于虚数符号 i 的诞生历史,要追溯到 1637 年法国数学家笛卡儿,他在《几何》中第一次给出"虚数"的名称"imaginaires"。140 年后的 1777 年,欧拉在递交给彼得堡科学院的论文《微分公式》中首次使用"虚数"头一个字母 i 表示 $\sqrt{-1}$,但很少有人注意它。24 年后的 1801 年,数学权威高斯系统地使用了这个符号,以后渐渐通行于全世界。看来,"权威效应"不可低估。

数学符号的使用,在数学史上是一件大事,数学符号绝不只是起到加快速度、节省时间的作用,而且它能够准确、深刻地表达某些数学概念、方法和逻辑关系。一个较复杂的公式,如果不用符号而用日常语言来叙述,往往十分冗长且含混不清。因此,发明使用数学符号从高斯时代就开始了,它记录着数学发生、发展的一种进程。没有数学符号,就不可能有数学的发展,所以,数学历史上,包括高斯在内的数学家们都非常重视创造使用符号。当时欧洲有一位数学家一生创用了100多个数学符号,经过历史的洗礼与考验,至今只保留了两个。而高斯却是一位善于创造、引用数学符号的数学家,他创立的符号几乎百发百中,大都流传沿用至今。

例如,1801年出版的《算术研究》(Disguisitiones Arithmeticae)一书中,高斯首先使用符号"≡"表示同余式。"同余"的意思是说:对于整数 a,b 及正整数 m 有下列关系

$$a = mq_1 + r_1 (0 \leqslant r_1 < m)$$
$$b = mq_2 + r_2 (0 \leqslant r_2 < m)$$

如果 $r_1 = r_2$,那么就称 a,b 对于模 m 是同余的,亦即 a 和 b 被 m 除的余数相同(用"同余"一词表示)。记作

$$a \equiv b \pmod{m}$$

其中"mod"是英文"modulus"即"模"的简写。

如设 $a=47, b=29, m=6$,有

$$47=6\times7+5, 29=6\times4+5$$

得到余数都是5,所以说47,29对于模6为同余,记作 $47\equiv29\pmod{6}$。

显然,如果 a 和 b 对 m 同余,则 m 一定整除 $(a-b)$,记作 $m|(a-b)$。如

$$-16\equiv9\pmod{5}, 则 5|(-16-9)$$
$$-7\equiv15\pmod{11}, 则 11|(-7-15)$$

高斯就是用符号表达深刻的"同余"这个数学概念内涵的,他在这本书中写道:"今后我将用符号"≡"来表示两个数的同余式,模则放在括弧内,如 $-16\equiv9\pmod{5}$,$-7\equiv15\pmod{11}$。"高斯还说明了他创用此符号的原始思想:"受到代数与可除性的启发而采用这一符号的。"从此,"同余"这个表达式数学概念深刻内涵的符号"≡"一直沿用至今。

高斯生活简朴,不图舒适,知多言少,埋头苦干,整天为数学理论研究绞尽脑汁,构思一幅又一幅美丽的图画。他在数学王国里跋涉,却没有闲暇外出

去欣赏大自然赐给的美好风光,亲身领略一下风景秀丽的河流山川。他整个的一生,除了去柏林开了一次学术会议和去巴伐利亚购买光学仪器,就没有到过别的地方。

有一年的夏天,布伦斯维克公爵邀他去南方阿尔卑斯山旅游。

"高斯先生,我们一同去游览阿尔卑斯山,在那儿避暑吧!"公爵说。

"对不起,公爵先生!我正在忙着整理出版我的第一本数学书哩,出版社等着,限了时间。"高斯回答。

"高峻挺拔的阿尔卑斯山,群峰突起,林木葱郁,山势雄伟,许多高峰终年积雪,多么凉爽啊!为何不去一游,老在这儿受热呢?"公爵说。

"公爵先生,我忙啊!当然,外出一游,精神愉快,舒适凉爽,但工作丢不开,也不好带着工作去,我只能从文字上欣赏了。"接着高斯把那迷人的景色向公爵叙说了一番:"从高处往下看,群峰屹立,景象万千。阳光照射万年积雪的峰峦,银光闪耀,云蒸霞蔚。阿尔卑斯山像一条玉龙腾跃,展望晶莹。磅礴的雾景,使人陶醉。昂首天际,俯瞰群山,半点红尘飞不到,是个自然的宫殿,是游人日夜向往的地方。"

"您的文学修养很高啊!您这诗般的描述,我好似置身其境了。"公爵赞许地说。

"这么一说,我们已游过了,就不去了。"高斯有趣地抓住公爵的话推辞说。说后,两人面对面地哈哈大笑起来。

送走客人以后,他又钻进数学王国的世界里去了。

无暇重游孩提时代常去的绿茵草坪,告别了大学时代晨读漫步的林荫小道,云笼雾遮的峡谷风光,高斯一头扎进了他早年最喜欢的数论研究之中,正如他在给数学家恩克(J. F. Encke,1791—1865)的信中所说:"我从15岁的少年时代就醉心于那'妙不可言、使人迷惑的'数论和其他饶有趣味的问题。"他集中精力,将前辈数学家在数论方面的杰出而又零星的成就进行集中研究,将他在1797年写的《算术研究》书稿充实提高,补充了许多新的精辟见解,于1800年寄给法国科学院要求发表。法国科学院审稿人对高斯这本深奥的书的内容还没有完全弄懂,就将该论著拒之门外,据说这本书还遭到当事者的摈斥、讪笑。这种无知和过激的傲慢态度引起了高斯的极大反感和愤怒。书稿被退回,他就寄给本国的科学院,终于觅到知音,于1801年在德国出版了。但因刚出版不久,书中内容高深不易被人读懂,这部书没有立刻引起数学家们的重视。后来德国数学家、柏林大学教授狄利克雷(P. G. L. Dirichlet,1805—1859)具有雄才和胆识,撰文介绍以后,《算术研究》才为广大数学家们理解并接受。后世数学家、评论家认为,《算术研究》一书在数论上的贡献堪与欧几里得《几何原本》在几何学上的贡献相媲美。在以后100年左右的时间里,这个领域中几乎所有发现都可以直接追溯到高斯的研究范畴里去。数学史家斯科特(J. F. Scott)评价说:"这部著作给数论的研究揭开了一个新纪元","《算术研究》立即使高斯跻身于第一流数学家之列"。

高斯像只忍辱负重的丑小鸭,终于以惊人毅力和真才实学展翼升空,用艰辛的汗水和心血,证实了自己的真正价值,迎来了科学研究的春天。

高斯曾描写一个求证多年的问题怎样得到解决

的情境,他写道:"终于在两天以前我成功了……像闪电一样,谜一下解开了。我也说不清楚是什么导线把我原先的知识与使我成功的东西连接了起来。"

从1825年到1831年,高斯仍在数学的一个分支——数论方面继续研究并做出了新贡献。他又发现了一种用复数对奇数进行因式分解的方法。例如奇数5,在复数范围内它可以分解成

$$5 = (1+2i)(1-2i)$$

它的这种分解形式,生动地表示了一个新的素数(即质数)的诞生。因为像5这个在原来意义下的素数,在上述形式下已经是非素数了。所以,人们都信服地感到数论与复函数是高斯的两个得心应手的数学领域。高斯自己也说过:"数学是科学之王,而数论是数学之王。它常常屈尊去为天文学和其他自然科学效劳,但在所有的关系中,它都堪称第一。""数学是科学之王,数论是数学之王"后来成为两句名言,流芳于世。重要的是人们看到,高斯对数论的偏爱情感,早已融进字里行间,载入数学史册,成为光辉的一页。

第八章　算出谷神星

高斯大学毕业以后,获得了博士学位和讲师职称,但从1799年到1802年一直没有找到合适的工作。这样的优秀人才,为什么在德国找不到合适的工作呢?

原来,德国在那个时候执行的是一种严格的晋级制度,大学毕业后不能上讲台开课,必须取得讲师职称才能开课。至于博士,同样也不能立刻开课,还需要他另写一篇有水平的论文,经过教授委员会审核、批准,合格了才授予该博士讲师资格。一旦取得讲师资格,也只是意味着取得在大学讲课的任职资格,但不等于有了饭碗,因为这要看校方是否录用。即使录用了也不给固定工资,工资的多少要由自愿选听你的课的学生多寡而定,但往往是听者寥寥无几,所以讲师的生活根本没有保障。

至于教授,有限的名额被挤得满满的,要提升新教授,必须是原有教授病逝、退休,或者辞职以后出现空位。一旦成为教授,物质生活就有了保障。但教授是极少的,一个系有两三名教授,讲师有几十人,所以提升教授是很难的。

高斯在1799年取得讲师职称以后,没有顺利找到工作,布伦斯维克公爵表示可以继续从经济上接济他。但高斯不愿长此下去,决心用自己的劳动养活自己。于是,他加紧进行科学研究,多出成果,靠稿费维持生活。但稿费毕竟有限,没有保障。

巴特尔斯是俄国喀山大学著名教授,很有名气。当巴特尔斯老师了解到高斯的生活处境以后,深表同情,于是接连写了几封信给高斯,要他出国,说高斯可以在俄国找到待遇不错、生活舒适、名利均有的大学讲师或者教授位置,并且巴特尔斯已和俄国当局联系好了。高斯接到信以后,并没有这种愿望,可是个别朋友知道以后,极力主张高斯出国,摆脱穷困,到条件较好的地方去发挥才智。高斯的妈妈知道以后,表示尊重高斯自己的选择,但她希望他留下。女友了解以后,也没有勉强高斯,而是尊重高斯的选择,并且,她还表示不愿离开自己贫穷、落后的祖国。布伦斯维克公爵、布特纳也反对他出国,认为德国的情况一定会好转,并且为高斯的工作多方奔波。

此时此刻的高斯站在十字路口上,面临人生的第二次选择,第一次在语言与数学之间选择了数学为终生职业。现在,他面临从来没有考虑过的离开祖国这个问题,他周围支持与反对者参半,如今倒使他思考起来了。

经过深思,高斯对大家说:"我爱我的祖国,尽管祖国还很贫穷,但他的儿女怎么能忍心离去呢。"高斯又说:"只要勤劳肯干,贫困是可以改变的。"

于是高斯把自己的决定写信告诉巴特尔斯老师:"感谢您的关心,我决定不离开祖国,一辈子不离开家乡。我们布伦斯维克城物产丰富,资源充足。现初步查明,地下有储量很大的铁矿、天然气和钾盐,将来这里是德国的钢铁基地,前途无限。"高斯在信末,还希望巴特尔斯老师回国,共同为建设祖国贡献力量。

出国的事平息以后,高斯面对德国建设的实际,又在思考着一个重大问题:怎样把数学理论与实际应用联系起来。他一方面坚持纯粹数学(纯理论的研究),另一方面把注意力转移到数学应用于实际方面来(即应用数学)。

照理说,高斯暂时放弃铺着红地毯的纯数学之路,转向含苞待放的应用数学之路,无疑困难是很大的,但这是一个历史前进的里程碑,也是高斯摆脱生活困境的一条出路。他不愿永远靠布伦斯维克公爵的恩赐过日子。同时,当时的德国天文学研究人才奇缺,高水平者更少,甚至在他的故乡都没有一个天文台,更谈不上有人来研究了。高斯现在掌握了数学这个自然科学的工具,它可以帮助高斯开启研究天文的大门。

所以,高斯考虑以后,决定转移研究方向。他借了许多天文学方面的资料,又刻苦钻研起来。

德国有一位名叫提丢斯(J. D. Titius,1729—1796)的数学家,他有一位名叫波德(J. E. Bode,1747—1826)的朋友,是一位天文学家,在柏林天文台任台长。1766年,他们发现数列

$$0,3,6,12,24,48,96,192$$

从第三项起,以后的每个数恰巧是它紧挨着的前面

数的2倍(在数学上,叫作以2为公比的等比数列)。如果把每个数都加上4,就得到新的数列

$$4,7,10,16,28,52,100,196$$

再把它们除以10,就得到水星、金星、地球、火星、?、木星、土星与太阳的距离

$$0.4,0.7,1,1.6,2.8,5.2,10,19.6$$

这些数近似等于各行星到太阳距离的天文单位①(其中地球到太阳的距离为1),如图所示:

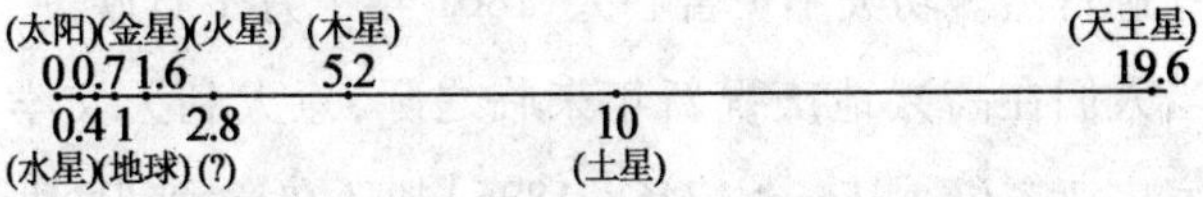

```
(太阳)(金星)(火星)  (木星)                    (天王星)
 0 0.7 1.6      5.2                          19.6
   0.4  1  2.8              10
(水星)(地球)(?)           (土星)
```

图4

1772年,波德公布了他们的这个发现,引起了世界科学界的极大重视,被称为提丢斯—波德定则,有的书称为"波德定律"。那时候,人们还没有发现天王星、海王星和冥王星,都以为土星就是距离太阳最远的一颗行星。到了1781年,英国天文学家威廉·赫歇耳(F. W. Herschel,1738—1822)在接近19.6

---

① 后来科学家实际测量,得到各行星与太阳的实际距离分别是0.39,0.72,1,1.52,2.77,5.2,9.54,19.2,⋯

的位置上发现了天王星,它和太阳的距离是 19.2,这和提丢斯—波德定则计算结果 19.6 很接近,于是大家对这个定律就更加深信不疑了。

按照数的排列,在 2.8 位置上(也就是火星和木星之间)应该有一颗行星即上面"?"处。于是,天文学家纷纷猜测说,在那里一定有一颗新的行星没有被发现。

天文学家们为此足足忙碌了 20 年,但那颗行星踪迹杳然。功夫不负苦心人,1801 年 1 月 1 日晚上,当人们在高兴地庆祝新年来临之际,意大利天文学家皮亚齐(G. Piazzi,1746—1826)却还在意大利西西里岛上的巴勒莫(Palermo)天文台上观测星空、核对星图,辛勤地工作着。突然,他在望远镜中发现金牛座一带有一颗体积很小的 8 等星,与星图不合,而这颗星正好在提丢斯—波德定则中 2.8 的位置上。第二次观察时,这颗星继续西移,他甚至怀疑这是一颗"没有尾巴的彗星",但为了弄清这颗星的运行轨道,他继续跟踪观测。

皮亚齐工作的岛上,冰天雪地,寒风刺骨,一到外面,鼻孔和睫毛都会结上冰。但他为了搞清这颗星的真相,不顾严寒和生活困苦,连续地观测了40个夜晚,最后因劳累过度而病倒了才停止观测。他只记录了这颗星沿9°这一小段弧的运动。

皮亚齐立刻写信给欧洲大陆的同行们,邀请大家一起观察、核对和研究。可是,由于法国资产阶级革命以后,法国资产阶级革命家拿破仑(1769—1821)为了巩固和扩大资产阶级政权,在欧洲展开了远征战争,地中海被封锁,这封信直到9月份才送达大陆。大陆上的天文学家们知道以后,立刻进行观察,但时过几个月,那颗"无尾巴的彗星"早已无影无踪。

皮亚齐随后认为,这就是人们一直没有发现的那颗行星,于是把它命名为"谷神星"。

古代早期,人们把发现的小行星大都用神话故事中的神仙的名字命名。皮亚齐发现的这颗小行星,就是用古希腊神话中的智慧女神命名的。后来,人们发现小行星的数目越来越多,神的名字不够用,就用国家、地区或城市的名字命名。再后来,国际天文学界开始用一些著名科学家、文艺家、实业家等知名人士的名字命名,以表彰他们对科学或其他事业的卓越贡献。

迄今为止,已经发现而且被国际公认正式编号命名的小行星已达 2 400 颗之多。

皮亚齐宣布了自己的发现,而天文学家们却对此争论不休。有的说,皮亚齐是正确的,也有的说不对,这是一颗彗星,不然的话,为什么它只露了一面就不知去向了呢?

几个月过去了,谁都没有得到令人信服的答案。这个问题,引起了 24 岁的高斯的注意。

高斯心想:既然天文学通过观测找不到谷神星,那是否可以通过理论上的推导和计算来找到它呢?他想解决这个问题:"行星运动是有规律的,我不用望远镜,只用铅笔,非算出这颗行星的位置不可。"

有人说:"高斯是个数学家,懂得天文学吗?再说,天文学家们都找不到谷神星,高斯哪能把它'算'出来呢?"好心的朋友批评他"是在浪费自己的时间、才能",劝他早点放弃这个打算,还是专门研究纯粹数学。

高斯笑了,他很理解朋友的心情,但他知道天文学和数学的距离并不是很远,甚至可以说是一家,如中国古代的数学家就是天文学家。如果没有雄厚扎实的数学知识,是不可能成为一个天文学家的。当年,牛顿不就凭着渊博的数学知识,发现了万有引力定律吗?

高斯开始了研究。首先,要知道这颗新星是按什么样的轨道运行的,是圆、椭圆,还是别的曲线。30多年前,数学家欧拉曾经研究出一种计算行星轨道的方法。可惜这个方法太麻烦了,欧拉紧张地算了三天才得出结果。高斯决心创造出一种简便易行的办法。他在前人研究的基础上,运用自己在大学一年级建立的"最小二乘法"和行星轨道计算法,创立了比过去更加精确完整的行星轨道计算理论,引出了一个8次方程。根据改进了的方法,他只用了一两个小时就算出了结果(用旧方法则需要三四天),而且只需观察三次,就可以验证。所以,高斯说,谷神星的确是一颗行星,并预言它将在某个时候出现在某一片天空里。

天文学家们怀着将信将疑的心情,在高斯预言的时间里,用望远镜对准了这片天空。有趣的是,其中有一个名叫查赫(B. V. Zach,1754—1832)的天文学家，根据高斯的预言，专门制造了一个觅星表，经常向观察谷神星的天文爱好者预报这颗行星的可能位置，可是，天公不作美，连日阴雨，无法观测。直到1801年12月7日，天气晴朗，天文学家们才在高斯预测的位置上看见了这颗久违的新行星。谷神星出现了！高斯获得了极大的成功，真的用"铅笔尖"发现了一颗新行星，他向人们证明了数学在科学研究中的巨大作用。

后来人们才知道，谷神星的直径只有770千米，是地球的6%，木星的0.55%，在火星与木星之间，这个小不点似的"谷神星"与它们的大小太不相称了，难怪不易发现。

1802年3月28日，天文学家根据高斯的计算方法，准确地找到了另一颗新的行星——智神星，又有书说是慧神星。接着一颗颗的行星陆续被发现。天文学家终于搞清楚了，这些行星的体积都很小，就拿其中最大的谷神星来说，直径也只有地球的十几分之一。它们都在火星和木星之间，沿着椭圆形轨道绕着太阳运行，天文学家管它们叫作"小行星"。

经过这次天文学家的研究，后来在1809年，高斯写成《天体按照圆锥曲线运动理论》一书,书中提出了行星轨道的计算方法。

为此,高斯在1810年获得了巴黎科学院授予的"优秀著作和最奇异的天文观察奖金"。

高斯找到谷神星,又轰动了国内外。原来批评他的人也认为高斯是在前进,是在发挥才能,而并非浪费时间和才华。他作为一位卓越的天文学家获得了承认,并被人形容为"能从九霄云外的高度按照某种观点掌握星空和深奥数学的天才"!

高斯在这几年里,对天文学的爱好让他不断地实践,坚持应用数学知识去解决实际问题,写出了天文学等方面的许多有价值的论文,如1812年发表了《关于超几何级数》的论文;1813年发表了《关于椭球体的引力》的论文;1814年发表了《关于机械求积》的论文;1818年发表了《关于平行摄动的研究》等论文。这些论文是"实践—理论—实践"的认识产物。

"算"出谷神星以后,高斯更加认识到数学的巨大威力,愈发相信他自己关于"数学是科学之王"的论断,更加兴致勃勃地将数学应用于社会的各个领域。

很多时候,数学理论都是走在应用的前面,这时思维的乐趣和美的召唤就成了数学家矢志不移的引力场,早慧不衰的高斯自然也知道这一点。他认为:反映客观世界的愿望和对美的追求,正是数学家们默默无声地在数学群山之中不懈攀登的动力和乐趣。甚至有不少数学家极难预料自己凝神苦思所得到的美好结论将会在什么地方及什么场合真正取得实际应用。例如,公元前3世纪古希腊著名数学家阿波罗尼奥斯(APollonius,约公元前262—公元前190)发现圆锥曲线各种优美的特性时,谁能想到1800年后德国数学家开普勒(J. Kepler,1571—1630)才把他的结论用来描述行星的运动,而获得巨大的成功呢?"走理论与实践相结合的路是正确的。"高斯对人说。

现在,高斯已经是20岁出头的青年,风华正茂,从他在哥廷根大学读书起,即从1796年解决正十七边形的作图到1801年,是高斯学术创造力最旺盛的黄金时代之一。据一位追踪"神童"足迹的数学史家梅(O. May)统计,在这6年间(19岁~24岁)高斯提出的猜想、定理、证明、概念、假设和理论,平均每年不少于25项,其中最辉煌的成就是1801年发表的举世无双的《算术研究》,这本书把过去光彩夺目的颗颗珍珠般的零星成果用一条鲜红的串线,编织成一张结构紧凑、自成系统的数论网络;以及在1801年中算出"谷神星"的运行轨道。仅这两项创造发明的成果就轰动了科坛。

高斯成名以后,国内外许多聘书像雪片似的飞来。公爵也打算专为高斯在布伦瑞克修建一个小天文台,让他当台长,并且给他加薪,提供更好的科学研究条件。高斯出于对公爵的报答,决定留在家乡的天文台工作,并从事数论、代数、几何以及分析学的基础理论研究。他还决定了以后科研的方向,即把主要精力和时间逐步转向更有实际应用的科学研究,如天文学、测地学、物理学和应用数学等。

一天,一位朋友拜访高斯,高斯将他从事理论与应用两方面研究的打算告诉朋友时说:"金字塔的顶峰是辉煌的,但没有牢固的地基和底层,顶尖是不会闪光的。"

"是的,基础理论的研究同样重要。"朋友说。

"掌握了基础理论,能使人站得高,看得远,好像老鹰飞得高,俯瞰大地,才能发现地面上的兔子。当然,应用科学更重要,它是一切科学落脚的归宿,没有应用,科学技术就会停滞不前。"高斯进一步阐述,并提出"更重要"的应用科学。高斯这种思想,早在给大学同学、匈牙利数学家波尔约的信中已明确,高斯说:"天文学和纯数学是我的灵魂的指南针,永久指向两极。"

"说得好,寥寥数语就拆掉了理论与应用所隔的一堵墙。请问,您以后还撰写科学论文吗?"朋友问。

"要写,撰写论文是科学家、科技工作者的基本功,通过撰写论文把科学研究、学术交流和学术水平进一步提高深化,一方面使科技工作者在这个过程中受到新的启示和提高,另一方面便于成果推广,其收益是难以估量的。"高斯解释说。

"祝您在基础与应用上结出两个大硕果,愿您的著作流芳千古。"

"谢谢。不过,我的写作十分谨慎,只有在论证的严密性、文学词句和叙述体裁都达到无可指摘的程度时,我才会发表自己的成果。在这之前,我将成果首先记在日志录上。"这再次表现出高斯对待科研、写作严肃认真的一贯作风。

事实上,高斯撰稿行文,一向以精炼完善著称,他多次说过:"瑰丽的大厦建成后,应拆除杂乱无章的脚手架。"这固然是好事,读者普遍认为,简洁是智慧的结晶,冗长是肤浅的藻饰。但过于简洁,会给读者理解某些问题的发展过程和思想方法以及具体内容造成困难(如《算术研究》一书就是一例)。因此,德国数学家雅可比(G. G. J. Jacobi,1804—1851)曾说:"他的证明是僵硬地冻结着的,人们必须将它们熔化出来。"挪威数学家阿贝尔(N. H. Abel,1802—1829)也说:"高斯像只狐狸,用尾巴扫沙子来掩盖自己的足迹。"

高斯对实用天文学的贡献除积累了几十年的观测资料,预测新发现的小行星(谷神星)轨道外,还自制天文仪器六分仪,为提高观测精度而从事几何光学研究,改进了望远镜,可谓一位伟大的天文学家。

第九章 数学王子

高斯在数学、天文学方面的成就有口皆碑,博得了国内外的称颂,许多德国人都知道本国有位数学家、天文学家高斯,他做出了正十七边形,证明了代数基本定理,并找到了谷神星等,是个了不起的人。因此,他受到了各方面的重视和尊敬。

公元1801年1月31日,俄罗斯科学院推荐他为通讯院士,高斯的就业问题解决了。

当时欧洲的政治风云就像六月的天气一样不稳定,自1789年法国大革命以后,德法之间爆发了多次短期战争。为了扼制法国统帅拿破仑(B. Napolèon,1769—1821)在中欧的扩张,德国最主要的部分普鲁士决定加强跟法国的对抗。

1806年,曾任普鲁士将军,已经70多岁的布伦斯维克公爵费迪南率部与法军战斗。在一次激烈的战斗中,费迪南将军受了致命伤,医治无效,同年(1806年)11月死于阿尔唐纳。布伦瑞克领地的臣民们闻讯,悲痛欲绝,他们失去了最高长官,高斯和父母的悲痛之情就更难以表达了,"没有费迪南的资助,就不会有高斯的今天……"

从此,汉诺威公国的统治权落入法国政府手里,德国哥廷根等地的人当了亡国奴。

高斯的恩人费迪南逝世后,布伦瑞克小天文台失去了经济来源,高斯从此必须完全靠自己的努力维持生计。

1807年,高斯携全家离开生他养他的故乡,迁往哥廷根,他被哥廷根聘为正在建设的新哥廷根天文台台长。高斯到了尚未建成的天文台,亲自参加了其筹建工作,包括天文台的各种布局,购置仪器设备,招聘技术人员等。7年后的1814年,哥廷根天文台基本建成。为了配置最好的望远镜等设备,37岁的高斯多方奔走。为保证设备质量,他货比三家,左挑右选,花两年时间都没有买到精良质优的望远镜等仪器。于是,他于1816年赴巴伐利亚会见光学仪器制造商,才买到了中意的装备。

同年,在众教授的强烈呼吁下,哥廷根大学——他的母校校长聘请他为常任教授,主讲天文学课,偶尔上一点数学课。

高斯选择台长为主职,教授为副职,这跟他不喜欢当时的教学有关。1802年,高斯在致医生兼天文学家、博士奥尔伯斯(W. Olbers,1758—1840)的信中说:"我真的不喜欢教课……对真正有天赋的学生来讲,他们绝不会依赖课堂上的传授,而必是自修自学的……做这种不值得感谢的工作,唯一的代价是教授浪费了宝贵的时间。"高斯为什么会有这种思想呢?有资料介绍说,他看到当时德国大多数大学生都没有钻研学问的兴趣,很少或根本没有学习动力。他们进入大学以后,很多贵族、官吏子女就放纵自己,把精力放在酗酒、赌博和吃喝玩乐上。所以,高斯不愿为这些学生讲课。而至于禀赋好、勤奋、刻苦钻研的学生,高斯愿意"偶尔给他一点提示,以便找到最近的路"。

高斯到哥廷根以后,经济上有了固定收入,全家不再为基本生活发愁了。除兼点天文学课程外,高斯把主要精力放在了天文台的筹建工作中。当然,他的研究一直没有中断。不同的是,他开始转向实用天文学方面的研究,并且撰写发表了天文学方面的多篇论文。后来他又把主要精力用在天文观测、记录特殊天象,计算并报告他对观测数据的分析,亲自调试仪器以达到最佳观测条件上,这项工作一直到 1854 年他病倒结束。

1807 年,高斯到达已划归法国控制下的西伐利亚王国的哥廷根(7 年后的 1814 年才摆脱法国统治)后,发生了一件重大事件,即开征重税。法国政府巧列名目,高额赋税弄得德国人穷困潦倒,许多人因交不起重税而流离失所,甚至有人颠沛流离,长途跋涉,以逃避重税。

高斯也不例外,法国政府规定,大学教授必须交纳 2 000 法币的高额税赋。此时高斯家虽然初步解决温饱,但并非小康,且子女多,负担重。这一政策无疑给高斯当头一棒,他无力筹足这笔巨款。

德、法两国的一些著名学者、科学家闻讯后,纷纷主动伸出援助之手,从不宽裕的收入中解囊相助,他们募捐了 2 000 法币给高斯。但高斯知道以后,不忍心从他们的微薄收入中用去他们赖以养家糊口的生活费用,在表示感谢的同时婉言拒绝。后来,一位匿名者替高斯交纳了全部的税金。当时高斯还蒙在鼓里,当他得知以后,无法拒绝,也无法退还,因为他不知道这位解囊相助的人是谁。后来,高斯托友人明察暗访,才得知匿名替他交税金的是曾任罗马帝国重臣,现任法兰克福大主教的达尔贝格(Dahlberg)伯爵。

当时的哥廷根,是将所有一切都与政治捆在一起的。这次征税,无形中加深了高斯在政府上的保守倾向,它对政治变革或激进行为都持旁观或反对的态度。这种"明哲保身"的处世哲学一直陪伴高斯一生。

俄国的大学、科学院很早就希望高斯能到俄国工作,并通过巴特尔斯联系、做工作,但高斯不愿出国。因此,1807年,俄罗斯科学院只好推举他为名誉院士。在此期间,世界上许多国家的科学机关和科学院都给他寄去了学位证书。

报刊上对高斯的宣传也多起来了。人们称他为"数学王子"或"数学之王"。

记者、青少年、学者、科学家等纷纷踏入高斯家的门槛。

高斯的朋友说:从童年起,人们对高斯就有许多诸如"神童""天才"的赞誉之词。但高斯总是谦虚谨慎,戒骄戒躁,勤奋学习,刻苦钻研。他不是昙花一现的小人物,更不是"小时了了,大未必佳",而是一位真正的科学家。

人们对高斯的赞誉,他是受之无愧的。

每当来访者提到高斯的贡献时,他总把自己的成就归结为肯下功夫。当别人称赞他是"天才"时,他却回答说:"假若别人和我一样深刻和持续地思考数学真理,他们会做出同样的发现的。"在各种场合的言行中,都显示出了高斯这种谦逊的美德。

年迈的爸爸、妈妈和妻子是多么高兴,高斯当了"王子"。朋友们跟他的妈妈开玩笑说:"您就是数学王母了。"又指着他美丽的妻子说:"您过去是数学公主,现在是数学皇后了。"妈妈、妻子听了以后,哈哈大笑。尤其是妈妈笑得合不拢嘴,她贫苦生活了大半辈子,如今生活才有好转。老妈妈现在生活安定,精神矍铄,容光焕发,精力充沛。

高斯当了"王子"或"王",其实并没有过着"宫庭"般的生活,他一生从不贪图物质享受,生活一贯简朴。现在也只是能够自力更生,摆脱了穷困,解决了全家人的温饱问题。

有人评论说:高斯和与他同时代的人物——德国哲学家康德(Kant,1724—1804)、德国诗人歌德(J. W. Von Goethe,1749—1832)、德国音乐家贝多芬(Beethoven,1770—1827)以及德国哲学家黑格尔(G. W. F. Hegel,1770—1831)站在本国的不同岗位、不同科学领域,同时期内激烈地进行了一场伟大的政治斗争的外围战。高斯在自己的范围内以一个最有力的方式表现了他的时代的新观念、新发展和新成就。他站在18、19世纪的分界线上,终于在19世纪的前半个世纪,成了全世界数学界的最高权威,而这个时期在整个数学史上是非常重要的时期。

高斯从1802年到1830年间,他的研究向更广、更深的科学领域发展了。他年富力强,风华正茂,已经是德国硕果累累的科学栋梁。

第十章 千辛万苦测大地

高斯研究数学的应用,开始从天体转向大地测量。这是他第二次创造性研究高峰的黄金时代。

1815年前后,中欧各重要国家出于经济和军事目的,掀起了一场大规模的大地测量热,这是一门新兴"测地学"的嚆矢。

这时高斯"三十而立"刚过,接近"四十不惑"的门槛,正是梦圆或梦灭的时期。但是高斯仍保持着他那一贯的聪明和勤奋,他经常以诗般的语言提醒自己:

像大雁那样有目标;像海燕那样有勇气;

像鹰那样有洞察力;像蜜蜂那样的勤劳;

像蜘蛛那样有毅力;像蚂蚁那样有力气。

高斯在科研上有一个特点,就是只要社会实际需要,他可以很快进行科研转向,去适应新的要求。

现在,大地测量热开始了,又是一门实用性很强的科学,于是他决定从天文学的研究转向测地学的研究。

当时,由于大量的经济利益驱使,社会上出现了一批真假难分的"专家""学者",一批粗制滥造的测量理论、思想方法冒了出来。一时间,似乎某某理论可以包治百病,丝毫不懂数学的人也可以用,于是穿凿附会者有之,信口开河者有之,败坏了测地学的声誉。

由于高斯是"数学王子",在数学、天文学方面已经做出了伟绩,特别是他在人生思维的空间,在情绪上,保持了一个"平"字;在思考时,守着一个"静"字;在工作时,不忘一个"精"字;一切言行,带着一个"恒"字。他的学术品德赢得了国内外的承认。

1816年,高斯的学生、天文学家舒马赫(H. C. Schumach)应丹麦政府的邀请,测绘全丹麦的地理形状,他需要一个得力的人协助,高斯成了他的首选。

一天,舒马赫去天文台拜见高斯老师,寒暄几句便开门见山地问:"教授,现在哥廷根天文台已建成并开始良好有序地运行,先生也发表了一些有价值的天文学论文,下一步有什么计划?"

"现在中欧强国掀起了大地测量热,这是一个新兴的前沿学科,它已经引起了我的兴趣。我也想做点这方面的研究工作。"

"教授,很好。我今天登门拜访老师,就是想请您出山,研究测地学……"学生说明了他已经接受丹麦政府之请,并请老师做他坚强后盾的来意。

高斯善于抓住机遇,乐意在实际测量中获得研究测地学的第一手资料,于是满口答应。

经过一系列准备之后,高斯于1818年正式担任丹麦的测地工作。他开始了艰苦的夏季野外测绘工作;到了严寒的冬季,则返回哥廷根家中,对所获数据进行分析整理。高斯从实践中产生了一些测地学的新思想、新方法。

1820年,汉诺威政府正式批准了高斯对汉诺威全境做地理测量的计划,任命高斯为实施计划的总负责人。高斯认为,工程质量的好坏,关键在于是否有一批吃苦耐劳、踏实肯干、听从指挥的人才。在对丹麦进行测量中,高斯聘请了与前妻所生的儿子约瑟夫(Joseph)和若干军人为野外考察的助手,这批人与他工作默契,态度认真,做事踏实,完成的质量较好。因此,这次为自己的政府进行大地测量,他仍请了这班人马协助他工作,在1818至1825年间,他都依靠他们进行野外考察,大家工作井然有序,表现了高斯高度的组织才能。

他的学生舒马赫曾问过高斯:"您为什么要聘用军人参加大地测量?"

"农夫们尊敬军官。当然,重要的是军队管理中,纪律严明、秩序井然。军人诚实、肯干,奉献精神特别强。"高斯高度地肯定这几位军人。

高斯亲自参加了这项实测工作,与大伙一同到野外跋山涉水,冒风雪,忍严寒,顶烈日,战高温,有时披星戴月,有时风餐露宿。白天跋涉劳累,晚上他还在微弱的灯光下伏案整理资料。万籁无声,除了同伴的鼾声外,就是他刷刷的写字声。有时直到天上的星星稀疏了,他才带着困倦倒在床上。他长期这样坚持工作,不论刮风下雨,还是烈日当空,或者冰天雪地。

这项实践工作使高斯有机会用弧度测量的方法,把对大地与天体的研究科学地、有机地结合起来了。他常把理论用于实际,在测量哥廷根的阿多那的子午线时,他把理论研究成果大胆而广泛地应用在三角测量中,通过实践的检验,他的理论得到印证。确认正确无误时,他才写成关于测地学方面的论文。写好以后,按照老习惯,再冷却、推敲、思考,直到认为尽善尽美,才在1822年发表了他在地图投影中采用等角法的研究论文。

当时,大地测量仍使用传统的三角测量法。据记载:此法从长度精确定基线出发,选定一个三角形网络将所测的地域覆盖。各三角形的顶点的选取,至少应能保证从两个方向上对其进行目力观测。测出各三角形内角的精确值是提高测地精度的关键。由于地形千变万化,仪器精度不高,所以实测工作费时费力;测量时不可避免的随机误差也给数据处理提出了新课题。注重理论联系实际的高斯,在测量中看到同伴们用旧方法测量,劳动量大,速度也很慢,野外作业十分辛苦,于是他发明了"回照器"等仪器。

"回照器"全称为"日光反射信号器",是高斯1820年发明的,第二年(1821年)他又发明了"光度计"。

高斯设计的日光反射信号器主要用以提高观测精度。这个仪器的构思巧夺天工,据载:它的主要部分是一面可以旋转的镜子,配以必要的光学仪器,如小望远镜,它在测量时既可作为发光的被测目标,又可用于传递信息,成为三角测量的标准仪器。高斯的"回照器"可以进行远近距离的观测,远到15英里,它反射的光仍相当于一等星的亮度,即使天空有云彩飘移,阳光不能直接照射,观测者仍能保证观测继续进行。这一仪器到1840年才被人改进。

根据这一原理,高斯曾发出奇想:用100个平面镜(据载是1.5×1.5平方米)制作一个巨大的反射器,它可以将日光反射到月球表面,假设能把天文学家送上月球,他们就能根据反射光轻而易举地搞定经度差。

幻想是人类创造力的源泉之一,虽然当时无法把人送上月球,但这种幻想是极为可贵的。高斯喜欢异想天开,并提倡大胆幻想、猜想,他有一句让世人醍醐灌顶的名言:"没有大胆的猜想,就不可能有伟大的发现。"如今的数学猜想成堆出现,磨砺了一代又一代人的慧心慧眼,有的已经被证明,闪现着数学家们智慧的光彩,闪耀着电光火石般璀璨的数学思想方法,如 1637 年法国人费马提出 $x^n + y^n = z^n (n>2)$ 不存在正整数解的"费马猜想",经 300 多年努力,于 20 世纪末获得解决,诞生了许多新数学思想方法。有的还是一个谜,刻石般地留在人间,激励着后辈接力赛式的求解,如 1742 年德国人哥德巴赫(C. Goldbach,1690—1764)提出的"哥德巴赫猜想"问题,至今仍吸引着人们去攻克。

"总工程师"高斯白天实测,晚上计算,没有人能代替他的工作。所有大地实测数据汇集以后的计算,几乎由高斯一人承担,因此有人说高斯的计算"像呼吸空气和鸟飞翔一样"。高斯每天还要写测地报告,他那言简意赅、用词生动的语言学功底,又一次帮助了他。这些报告汇集在《利用拉努斯登仪观测所确定的哥廷根与阿唐纳两天文台之经度差》一书中(1828 年)。

高斯参加测量工作后期,即从 1825 年开始,他除有固定薪水外,还可以得到可观的额外津贴,因而挣了不少的钱。而他在 1807 年初到哥廷根天文台工作或教学,到 1824 年近 17 年间,他的薪金一直是固定不变的,而家庭负担却有增无减。这笔额外收入使他从 1825 年开始,经济状况有了根本好转,开始过着富裕生活,从此,真正地做到了不再为全家人的吃穿发愁了。

高斯在大地测量中,用血汗换来了一些钱,有了钱,物质丰富了。可是,长年的劳累损伤了他原本强壮的体魄,1825 年医生诊断他患有气喘病和心脏病,迫使他停止野外作业。大地测量工作还没有完成,他不能离开,为了照顾他的身体,不让他去野外实测,只让他坐地指挥整个实测计划的执行。汉诺威全境的测量直到 1847 年才结束,前后花了 27 年,可见其工程之宏伟,这是后话。

高斯全力投入测地工作的 10 年(1818—1828 年)是他第二次创造性工作的高峰时期。他在 1825 年致奥尔伯斯的一封信中说:"我这些年来,没有把萦绕脑际的许多思想加以实现。"高斯的"许多思想",就是测量实践中悟到的真理,他要让这些经验升华为理论,使之系统化、科学化,澄清测量热潮中出现的歪理邪说。现在,高斯不去野外做具体工作了,有时间让他把"许多思想"整理成文字。这些"思想"太多了,他只好一条一条摘记在"科学日记"本上,等待时机的到来。

时机来了,1822年,丹麦哥本哈根科学院设奖征答地图制作中的难题,而这个题正好用到高斯在大地测量中的思想之一,高斯笔酣墨饱决心一试。当他的思想真正触及这个征解难题的逻辑深处的奥秘时,他发现,这个问题像一匹骤然发狂的烈马,毫不费力地拉断了他思想的缰绳,此时此刻,他才意识到他的思考那么脆弱,那么浅薄。他脸上掠过一丝苦笑,便伏在桌上继续懊恼地思索着。他满以为有了实测数据和方法,便可轻而易举地攻下这道难题,然而,这道征解难题一时间却使他落进了无底的深渊,不能自拔。他在心中说:"难道我的创造力开始下降了吗?我的智慧无法登上真理的峰巅了吗?"

高斯是喜欢向科学难题挑战的勇士,遇到难题,十分投入,没有线索绝不罢休。休息几天后,他改变进攻这道难题的思考路线和方法,从另一个方面向难题扑过去,攻坚阶段开始了,他废寝忘食,昼夜不舍,潜心研究,探测精蕴。他进行了大量的推理和演算,功夫不负有心人,他终于攻克了这道难题,撰写出名为《将给凸面投影到另一面而使最小部分保持相似的一般方法》的征文解答。在第二年即1823年,技压群芳获得最高的一等奖。论文在1825年正式出版。

高斯这篇永垂青史的论文,在数学史上首次对保形映射做了一般性的论述,建立了等距映射的雏形,这就是近代保形映射之滥觞。

1827年,高斯又写成出版了《曲面的一般研究》,这是他集十多年对测地问题思考所得的另一个菁华。他提出了内蕴几何的新观念,成为此后长达一个多世纪微分几何研究的源泉。

事情是这样的,高斯每天从实地测量中得到了很多数据、资料,但有一个问题时时萦绕在他脑海中:"能不能设法利用已有的大地测量数据来确定地球的大小和形状呢?"为了解决这个问题,高斯从应用数学的研究中又转到纯数学的研究中来。因为地球的表面不是平坦的,而是曲面形状,这种曲面图形(曲面几何)有什么性质呢?高斯把从野外测量记录的数据材料进行剖析,渐渐地,这些数据的规律有头绪了,曲面几何的性质也渐渐明朗化。有了初步结论,然后又去实践。经过从具体到抽象,从抽象到具体的反复论证,他终于找到了这个问题的数学理论根据,建立了微分几何中关于曲面的系统理论。

《关于曲面的一般研究》一书的出版,继欧拉、蒙日(G. Monge,1746—1818)之后将微分几何大大向前推进了一步,并决定了这一学科发展的基本方向。在这部著作中,高斯指出了一个极其重要的结论:曲面上曲线的长度是表示该曲面形状的唯一标准。有一位科学家读后激动地说:"这部著作对微分几何与曲面论的发展是极其重要的,它提炼出了内禀曲面理论,并在微分几何中获得扩展和系统化。"现在大学里的微分几何,有大部分材料源自高斯的发现。高斯用的方法是独创的,与过去数学家蒙日的方法极不相同,他是从理论与实用上来考虑,即把理论的分析与高等测量学紧密相结合。书中有些定理的提出与证法也很精辟、完美、漂亮。

高斯研究出的曲面理论,后来被他的学生、著名的德国数学家黎曼(G. F. B. Riemann,1826—1866)所发展,从而建立了以他名字命名的"黎曼几何"这门崭新学科,并且成为伟大的物理学家爱因斯坦广义相对论的数学基础。

高斯上述两项伟大理论成果,被后人誉为永垂青史的测地学的贡献。

高斯早在1795年发现、于1809年创建的"最小二乘法"的理论方法,现在又应用在大地测量数据处理上,实践证明了理论的无比正确,实践的检验反过来又充实、提高了他的理论并使其更加完整。于是,又一篇完善的研究成果诞生了,1821年左右,一篇比较详尽地阐述"最小二乘法"的论文问世了,受到了科学界的高度重视,难能可贵的是大家更赞扬高斯这种坚韧不拔、精益求精的治学态度。

高斯经过缜密思考,在实用天文学论文中首次成功应用了他的"最小二乘法"的纯数学理论,这个理论成为他研究天文学,整理观测数据必不可少的工具。这是理论与应用精巧结合的范例之一。1812年,他在致数学家拉普拉斯的信中,诙谐地写道:"1802年起,我几乎每天都在用最小二乘法计算新的行星轨道,它已成为我研究天文学的最孝顺女儿了,时刻帮助我走向科学应用之路。"

1803年,高斯还和阿尔伯斯讨论过这种方法,双方都肯定了最小二乘法这项纯数学工具的研究成果的价值。高斯深有感触地说:"科学是造福于人类的,如果搞出的成果全都束之高阁,这清高岂不等于自身的悲剧?"

关于最小二乘法的发现问题,并非高斯一人的专利,还有一位法国大数学家勒让德(A. M. Legendre,1752—1833)也发现了最小二乘法,并且发表论文比高斯早,于是曾有人怀疑高斯剽窃了勒让德的成果。这种非议在少数人的舌头上滚来滚去,但他们找不到一点证据。

本来,自然科学和数学是人类的共同财富,它的诞生和发展凝聚着许多科学家的心血。由于社会实践的需要,一种学说、一门学理先后或几乎同时在异地被发现和发明,是很正常的。往往有许多科学家同时或先后为之奋斗,互不相关地独立地做出了相同的成果。在当时,由于信息流通渠道不畅,或由于传统的保密,新成果仅在几个人之间传播,不像今天,通过报纸杂志或电子邮件或传真等手段那样迅速快捷地将科研成果传播到世界各地,让人确信发明或发现人的先后。因此常常发生发明权或发现权先后的争论,造成了历史上多次"发明权之争"。有的争论还很激烈(如微积分、非欧几何、三次方程求根公式等发现权),有的在短时间的争论后水落石出(如解析几何发现权之争),有的至今仍是一个悬案,尚未解决(如勾股定理的发现)。

综观高斯一生,他待人接物都极力避免感情用事,而且厌恶争吵。当听说剽窃勒让德成果的非议时,他泰然处之,没有激动或者拍案而起,甚至写文章批驳,只是在给友人的信中摆明事情的原委。后来,别人的怀疑如昙花一现,成为过眼烟云。

数学史书上公正地记载说:最小二乘法是由他二人各自独立发现的。

高斯在测量问题中,大量的计算也推动了他完善最小二乘法和对统计规律进行深入研究。在1823年发表的论文《与最小可能误差有关的观测值的组合理论》一文中,他以数学的严格性推广了最小二乘法,使它在任何概率误差的假设下,都以最适当的方法来组合观测值。这也是一项了不起的贡献。

高斯在测地理论的工作方向,有人对其做了简要介绍说,他根据保形变化的一般理论,给出了平面到平面、球面到平面和旋转椭球面到球面的保形映射的实例。他还在《利用拉姆斯登仪观测所确定的哥廷根与阿唐纳两天文台之经度差》一书中,首次提出可将地球表面积视为在其上每点与重力方向垂直的几何面,以后发展出他的位势理论。

高斯对测地的贡献是很大的,成果累累,后来1844 和 1847 年,他发表了测地工作总结性的论文《高等测地学研究》,成为德国测地学的基础,后为德国测地学家所发展,著名的高斯——克吕格尔(Krueger)投影即是其中之一,它是横向墨卡托(Mercator)投影的推广。

在实践活动中,大自然给高斯出了许多题目,只要在他的知识范围内,他都努力地进行了研究,并做出了许多成果。一个科学家对高斯说:"高斯教授要是关在屋子里搞研究,恐怕一年只有几篇论文问世,而在大地测量实际工作中,研究出了那么多成果,写出了那么多高水平、新领域的论文。"

想当初,高斯参加大地测量,许多人表示惋惜,如年轻的贝塞尔(F. W. Bessel,后来成为德国第一流的理论及实用天文学家),在 1823 年曾经直言不讳地写信劝告高斯放弃实地勘测工作,并说:"你花费巨大精力去野外测量,虚度年华,不如继续研究天文学,把它的科学真理向前推进一步才更有价值。"高斯立刻回信不同意地说:"世上所有的测绘与度量,确实比不上哪怕是将科学真理向前推进一步来得有分量。但我觉得,不可能凡事都用一种绝对的标准去衡量,还应考虑相对的价值。"在信的末尾,高斯毫不掩饰地说出他的动机和目的:"无论如何,我觉得我为国家做了一件实际有效的工作而感到宽慰,况且因此而获得的额外津贴彻底改善了我的经济状况。"

高斯在为国为己获得双重利益的同时,走出书斋,到实践中去搞科研。实践是取之不尽、用之不竭的科研源泉。这次若不花费巨大精力,甚至不惜损伤身体去实地勘测,他就不可能发明测量仪器,写出有分量的论文,成为德国测地学的嚆矢。这也是他在生机与危机互伏的风风雨雨中苦苦求索的结果,高斯不感到惋惜和遗憾。相反,使他拥有的时候珍惜,失去的时候更加怀念,恢宏气势存勖于后昆。

第十一章 奉命保护

1807年,高斯被聘为德国哥廷根大学常任教授及其天文台台长之时,普法战争爆发了,法国军队占领了高斯工作所在地——汉诺威。百姓流离失所,担惊受怕,生命安全没有保障。正在这时,几个荷枪实弹的士兵出现在高斯家门前,门口站着两个守门的士兵,还有几个士兵在门前游弋,把高斯全家老幼和仆人都吓坏了,不知道数学家、天文学家高斯教授犯了哪条法,竟出现如此恐怖的场面。不过,这些法国士兵很面善,不是杀气腾腾的样子,也没有进屋抓人的举动,好像是在这儿站岗放哨似的。不久,一位法国军官有礼貌地进入高斯屋内,要求面见高斯教授,仆人把高斯请出来以后,军官先开口问道:"您是高斯先生吗?"

"是的,我就是高斯。"

"先生,请不要害怕,我们是奉法军统帅之命前来保护您及全家的安全的……"军官和蔼地说。

"这……"高斯感到莫名其妙,打断军官的话。军官立刻抬起双手,掌心面对高斯制止他说:"教授先生,事情是这样的。我军统帅讲:我国有位名叫'勒布朗'的先生,要求我们派人前来保护您,避免您在战乱中生命安全受到威胁,直到社会秩序正常为止。"

听到"勒布朗"二字,高斯像触电似的想起了远在法国的数学爱好者"勒布朗"先生,一种发自肺腑的感激之情油然而生。高斯伸出手去紧紧握住军官的手,好像企图通过握手之力将感激之情传递给千里之外的"勒布朗"先生似的。"谢谢!谢谢!"高斯激动得说不出多余的话。

"不客气,不客气。"军官似乎也受到了感染。

"不过,军官先生,没有必要。我们这儿很安全,请你们返回吧!"高斯说。

"这是上级的命令,我们不能违命。"军官说。

就这样,高斯在法军的武装保护下,渡过了战争带来的动荡和混乱的时期。不久法军撤离。在此期间,高斯安全地进行数学研究和正常的生活。

德国的高斯与法国的勒布朗是怎样"认识"的呢?勒布朗为什么如此关心高斯呢?

原来,法国这位名叫"勒布朗"的人,其实是一位热爱数学的法国年轻姑娘,她为了研究数学,假用男名与数学家进行学术交流。她的真实名字叫索菲娅·吉尔曼(Sophie Germain,1776—1831。)

索菲娅出生在巴黎一个富有的家庭,当时法国政治、经济矛盾重重,她整个青少年时期一直处在社会动荡不安之中。

索菲娅是她父母的独生女儿,一向被视为掌上明珠。在这种社会动乱时期,由于生怕女儿发生意外,父母便把她关在家里读书写字,过着与世隔绝的生活,小小的年纪遇上这种长期"软禁",她感到极度的孤独与苦闷。但索菲娅是个懂事的姑娘,动乱的社会常发生惨案和千奇百怪的事,这些她曾听大人讲过,自己从报纸上也知道一些。所以,对于父母对她的这种关爱与保护,她很理解,听从父母的话,不出家门,专心在家读书学习。她的父母亲都是爱读书有学问的人,家里买了许多书,索菲娅做完功课以后,便到家中藏书室找书看。她发现了一本数学史书,书中讲了数学的发展过程和许多数学家锲而不舍地研究数学、发展数学的动人事迹。此书深深地吸引了她,尤其使她难以忘怀的是古希腊"数学之神"阿基米德(Archimedes,公元前287—公元前212)之死。阿基米德75岁还参加保卫祖国的战争,他创造发明了许多军事武器,打得入侵的罗马人落花流水,使英雄的叙拉古人民坚守国门达3年之久。最后,叙拉古因粮食耗尽及奸细出卖而陷落。此时他还在家里专心证明一个几何定理。突然一个杀红了眼的罗马士兵冲进他家,不问青红皂白举刀向他砍去,阿基米德不幸死在这个士兵的屠刀下。索菲娅想:几何学竟有如此之魅力,内中一定有无穷的奥秘。为了弄清这个奥秘,她决定到数学王国里去,登山潜海,寻宝探珠。

索菲娅酷爱数学,几乎如痴如醉,到了夜以继日、废寝忘食的地步。她常常背着父母学习到深夜。这下可把父母担心坏了,由于心疼女儿的身体,严厉的禁令又增加了一条:晚上必须早早睡觉。为防止她偷偷爬起来看书、计算,故意不给她柴火取暖,拿走了她所有的外衣。可是第二天早上一看,索菲娅伏在桌上,裹着被子睡着了,桌上残留的蜡烛,写满算式的石板,已经结冰的墨水……父母被眼前的这一切感动了,从此由反对的态度变为热心支持,禁令解除了,收起来的代数、几何学与微积分书也还给了她,索菲娅开始了艰苦的自学。她全靠自学,打下了牢固的数学基础。

1794年,18岁的索菲娅该上大学了,她兴冲冲地去报名,可是巴黎的综合科技大学和欧洲的其他大学一样,校门对妇女是紧闭着的。后来经过开明的数学家和妇女的斗争,欧洲大学的校门才在约100年以后向妇女开启,如1869年德国海德堡大学开始招收女学生,而德国的柏林大学仍旧拒收女学生。

被拒绝进入大学,索菲娅非常失望,但她没有灰心,在父母的鼓励下,走自学大学数学专业教材之路。她跋涉在抽象数学的高原上,拥抱充满生机、瑰丽多姿的数学大千世界。她感受到数学思维高原上这一座宏伟殿堂,不受性别的限制,永远向每一个人敞开着大门。

通过自学,索菲娅的数学知识丰富了,有了自己的见解。法国大革命以后,社会风气变得开明一点,大学允许学生向教授们提出自己的看法。索菲娅化名一个男学生的名字"勒布朗"(M. LeBlanc),给她尊敬的法国大数学家拉格朗日(J. L. Lagrange, 1736—1813)寄去一篇论文,教授看了这篇有独到见解的论文后大为赞赏,决定前往拜访这位名不见经传的"勒布朗"先生。见面之后才知道,这是一位被拒大学门外的年轻女郎。大数学家拉格朗日感到惊异万分,并要求大学破例收她入学,但遭到拒绝。教授决心亲自辅导并教她大学数学。从此,索菲娅信心倍增,增加了攀登数学高峰的勇气。索菲娅到30岁时,对高等数学已十分精通了。例如,有一年拿破仑皇帝下令法国科学院悬以金质奖章征求解决"弹性曲面振动的数学理论"问题。从1811年开始,索菲娅三次递交了三篇应征论文,最后,她40岁时即1816年提交的第三篇论文终于揭下了状元榜,她登上了领奖台,从而成为近代数学的奠基人。法国数学家拉维赞赏她说:"这是一项只有一个女人能完成,而少数几个男人能看懂的巨大成就!"索菲娅在这篇论文中说:"代数只不过是书写几何,而几何只不过是图形代数。"

1801年,高斯的成名作《算术研究》出版。

《算术研究》一书共分七节(其实是七章)。

第一节"一般同余"。定义了有理整数模一个自然数同余的概念;证明了同余的基本性质。

第二节"一次同余"。证明了整数分解成素数的唯一性;定义了最大公因子和最小公倍数。本节还创造了同余符号 $a \equiv b \bmod c$,转而研究了素数剩余的乘法性质。

第三节"幂剩余"。研究给定数的幂横(奇)素数的剩余,是以费马小定理为基础的。本节给出了费马小定理的两个精彩证明,由此导出"素根"这个新奇的概念。

以上三节实质是首次对初等数论知识"梳辫子",打扮成一个完全、确切、漂亮的数论系统,成为后人数论入门的一本极好教材。

第四节"二次剩余"。在给出定义后证明了他的"基本定理",实质是他著名的二次互反律的菁华。

说到这里还有一段高斯的传奇故事。高斯一生喜爱对定理从不同角度不同方向观察、研究,从思维方面讲,被称为发散思维,从数学解题教学方式来讲,体现为"一题多解"。如高斯一生对"代数基本定理"和二次互反律给出多种不同的证法。关于"二次互反律",高斯一生给出了 8 个不同的证明。1817 年高斯在给出一种证法后,发表了一篇荡人心肺、催人奋进的文章,他评论说:"高级算术的特点是,通过归纳,愉快地发现许多最漂亮的命题但要证明它们……常常要经过多次失败。最终的成功依赖于深刻的分析和有幸发现的某种结合,数学这一分支中不同理论间的奇妙结合。"高斯寻找二次互反律新证明的努力"绝非多余的奢侈品,有时候,你开始并没有得到最美和最简捷的证明,而恰恰这种证明才能深入最高级算术的真理的奇妙联系中去,这是吸引我们去研究的主要动力,并常能使我们发现新的真理"。高斯这种对纯数学研究的看法,至今仍闪现出熠熠的光辉,值得学习。

第五节"二次型"。讨论了二次型 $f(x,y) = ax^2 + 2bxy + cy^2$（$a,b,c$ 为给定的整数）。高斯在拉格朗日较繁的结论的基础上,将其理论系统化,并加以发展,给出了选择最简单的代数的判别准则,使问题一目了然。

第六节"应用"。提出了第五节引入概念的重要应用。

第七节"分圆问题"。也就是1796年他宣布已完成正十七边形作图后,首次公开它的理论基础。

总之,《算术研究》站在前辈巨人的肩上,系统总结了前人的工作,解决了一批最困难的著名问题,系统地形成了一批概念和问题,它直接影响了其后一个世纪的研究模式,实为现代数学史上第一部结构严谨的数论巨著。

可惜,该书的叙述由于太简洁,省略了一些推导过程和思想方面以及具体内容,尤其是用了许多深奥的数论知识,许多数学家都觉得很难看懂,"理深词简,知之者稀"。索菲娅用心钻研了这部著作,被高斯的精辟论述深深地吸引着,同时也得出了自己的一些结果。

1804年,索菲娅又化名"勒布朗"给高斯写了一封关于对该书看法的信,肯定并赞扬了高斯的伟大贡献和亘古未有的成果,同时也指出这部闪耀光芒的著作中出现的小瑕点,"白璧微瑕"而"瑕不掩瑜"。

高斯读了这封也是唯一一封指出著作中有小瑕点的来信,欣喜万分,高斯终于在异国他乡有了知音。从此,两位"先生"凭借着用心谱成的书信往来研讨数论,进行学术交流,完善数论大厦坚实与漂亮的结构工程。从此,两人成为科学挚友。

三年后的1807年爆发了普法战争,法军占领了高斯的故乡。想起古希腊"数学之神"阿基米德的死,又联想到"数学王子"的安危,索菲娅急得寝食不安,替高斯的生命安全担心。而恰好,攻占汉诺威的法军统帅培奈提是索菲娅父亲的好朋友,勇敢的姑娘毅然前往拜见这位刚从前线回到法国的培奈提将军,要求他对德国的高斯先生进行保护,不要发生古希腊式的悲剧。将军被这位勇敢、善良的姑娘所感动,派出一位密使日夜兼程赶往汉诺威,执行保护高斯的命令。于是,出现了本章开头的一幕。

高斯后来才知道,这位见义勇为的数学挚友"勒布朗"先生,原来是一位才高貌美的女士,而不是翩翩少年郎。高斯后来进一步知道,这样一位出众的女子是靠自学成为一位卓有贡献的数学家的,她至今连一个合适的工作也找不到,她没有文凭、没有学位,更不能当教授。"人才难得呀!"高斯惋惜地对朋友们诉说索菲娅的不幸。

1831年,55岁的索菲娅由于实在无法忍受社会上对女性的歧视和偏见,郁郁寡欢,悲愤难平,带着对数学事业的执着追求,带着对亲人的眷恋和生活的热爱离开了人间。此时,她远方的知音、最关爱她鸿志难展的朋友高斯,正在德国为她奔走呼吁,帮她找工作,谋个职称或者一个学位。高斯最后说服了著名的哥廷根大学,替她争得了一个荣誉博士的学位,但当这张迟到的博士证书寄到巴黎时,遗恨终身的索菲娅已经长眠于地下……

高斯与索菲娅长期通信,却始终未曾谋面,当高斯得知索菲娅离开人世时,悲痛万分。

高斯在纯数学的研究中是相当孤独的,没有同事的讨论和助手的帮忙,全靠自己赤手空拳打纯数学的江山,即使在创作高峰期也几乎没有人与他进行过直接的学术交流。他常与科学挚友通信,但都极少涉及具体的数学研究内容,纵使他与匈牙利数学家波尔约有着长达50年的通信联系,两人也没有在数学思想方法上深入讨论,更谈不上对某篇论文或某部著作进行商榷。唯一例外的是他与化名"勒布朗"的索菲娅讨论过数论问题。索菲娅直言不讳地对《算术研究》一书中二次互反律的证明,提出自己的想法。高斯喜出望外,认真地研究索菲娅证明的思路,后来,他被她的证明征服了,另外给出了一个包含索菲娅关于二次互反律想法的证明。高斯写信告诉她说:"这个证明包含了您的证法思路,没有您的坦言相告,我是想不出来的。"

高斯在天文学和物理界,都有不少挚友,他们不仅切磋学术,而且过往甚密。现存的7 000多封高斯的通信中,跟这些人的信件占极大比例。

现在,唯一的与他进行纯数学交流的女数学家索菲娅过早地离高斯而去,高斯是很难过的。他曾对他的朋友说道:"一个人仅仅因为是女人,囿于习俗的偏见,她要踏上布满荆棘的科学研究之途,就必然遭受比男人更多的挫折;然而,她却能克服这些障碍,并且专心致志于娄科学实验中最艰涩的理论部分。毋庸置疑,她必定拥有最高的胆略、非凡的天才和超人的禀赋。"

索菲娅的死,更加唤起人们为妇女争取享受高等教育、工作与男子平等权利的意识。1891年全世界第一位俄国女数学家、女博士、女教授、女院士科瓦列夫斯卡娅（С. В. Ковалевская，1850—1891）去世时，人们还在为妇女半边天的社会地位、作用和权利而斗争，尤其是科瓦列夫斯卡娅在临终前留下遗愿：献出自己的头脑供医学界做标本，希望解剖研究证明"妇女是否是低能的"。因为当时德国有一位医生写了一本书论证"妇女的头脑是低能的"。

现在，歧视妇女的制度已经废除，显示出了女性的社会价值，妇女们要更加自尊、自爱、自强，保卫来之不易的成果，积极地与男性一起投入到改造大自然的战斗中去，为人类发展做出贡献。

第十二章 发明了电报

在19世纪的科学大事件、报纸、学术刊物等上面,常有高斯的名字。出了名,奉承的多了,一些不必要的应酬也多了。好心的至亲好友常告诫他:"莫教名缰套颈,休将利锁缠身。"还有一位研究中国古诗词的教授,赠他一句诗,这句诗是中国唐朝诗仙李白写的:"风流肯落他人后,气岸遥凌豪士前。"高斯感谢亲朋好友的勉励,他没有陶醉于颂扬、宣传和捧场中,没有为"名缰利锁"羁绊。

高斯对妻子说:"氧气吸不尽,海水舀不干,科学研究是没有止境的。在科学研究的'词典'里,会有'留级'和'升级',但永远找不到'毕业'二字。"

高斯利用高等数学这个工具,刻苦勤奋地去解决天上、地下的有关实际问题。与此同时,他也没有放弃纯粹数学的研究。

从1825年到1831年,高斯在数论方面又做出了新的贡献。他提出了著名的有关复函数与数论之间联系的主要性质——椭圆函数的双周期性。

1832年到1834年,高斯的研究又向新的邻域——物理学进军了。

50多岁的高斯,在科学研究上,没有暮气,只有一个闯字,一个劲儿地向科学新领域进军,并且,每研究一门科学,总能做出成绩来,也许这个年龄段,正是人生经验丰富、智力最成熟、情感最深沉的阶段。

他在中学时系统学过物理学基础知识,在大学里也读过这方面的书,所以,他是有一定基础的。物理学的许多定律及其推导,没有数学工具做后盾,也是寸步难行的。他凭借着雄厚坚实的数学基础,加上勤奋、虚心,从头开始,一丝不苟,开始认真地学习、研究。

高斯在参加大地测量以后,经济收入有了根本好转,但因劳累过度得了心脏病,精力开始有所下降。他自我感觉创造力也开始下降,他把这个担忧于1826年2月19日写信告诉了奥尔伯斯:"我抱怨自己不能再如此努力而成果不佳,觉得应该去搞有别于数学的其他领域。"

1828年,高斯第一次也是一生唯一一次出席了在柏林召开的一次学术会议——"柏林自然科学工作者大会"。在会上他遇到了许多老朋友,如著名科学家、柏林科学院负责人洪堡(A. Humboldt,1769—1859)等,又结识了一些新朋友,如才华横溢的年轻的实验物理学家韦伯(W. E. Weber,1804—1891)等。

老朋友洪堡希望高斯到柏林科学院工作,以发挥更大的影响。"我保证会给您提供磁学研究方面最好的仪器。"洪堡动员高斯说。

其实,早在1822至1825年,柏林方面的学术机构就已找过高斯,谈过调入柏林的条件。但高斯并不热心,现在老朋友重提这件事,他坦率地对洪堡说:"我对磁学的兴趣确实正在增长,但我不愿调来柏林工作。"

"为什么?"洪堡奇怪地问,因为许多人主动想调入柏林科学院,却被拒之门外。

"老朋友,实不相瞒,我对柏林这座美丽而漂亮的城市是很欣赏的,可是,这个大都市的人办事效率很低,万一调我来担任领导或顾问方面的工作,责任重大,与办事效率低的人一起合作,出不了多少成果。所以,我宁愿留在哥廷根工作。"

洪堡知道高斯的为人,一旦决定了的事,十头牛拉也拉不回来的,比如过去他决定转变科学研究方向一样,无论朋友如何劝阻,他都没有改变,并且,做出了成绩。

会上,洪堡介绍高斯认识了韦伯,从此他俩开始在一起谈论自己研究的学科,韦伯正在研究地磁学,高斯则正准备朝这个方向转移,并且将全力投入物理学领域的研究,此时高斯也正在物色一个像韦伯这样的合作者。两人不谋而合,交谈几次后就拍板合作,并且确定了合作项目。高斯请韦伯到哥廷根来共同研究。1831年,韦伯如约来到哥廷根与高斯一起合作。

高斯搞科研有个特点,就是一旦决定转变研究方向,进入新课题角色的速度是很惊人的。

高斯从柏林会议回来以后,他每年发表一篇质量很高的物理学领域的论文,如1829年的《关于力学的一个新的普遍原理》,1830年的《论平衡状态下流体性质的一般理论原则》,1832年的《以绝对单位测定的地磁强度》等等。这些论文雄辩地证明了高斯严肃认真的治学态度和科研精神。

高斯与韦伯合作的第一个课题是地磁学。1833年,他俩在哥廷根兴建了地磁观测站。洪堡很早就设想建立全球的地磁观测网,他听到高斯与韦伯已建起地磁观测站的消息后,立刻动身前往哥廷根,要求他二人加入他的全球建网计划,两人愉快地答应了。有了他二人的参与,加速了洪堡这项计划的实施。不久,哥廷根的观测站成了地磁测量的中心,从1834年开始,各国都以哥廷根为榜样,纷纷建起了几十处地磁观测站。雄心勃勃的高斯与韦伯为了促进地磁观测方面的学术交流,主动发起成立了一个名为磁学会的学术组织。

在磁学会成立的那天,高斯专门讲了一段学会工作的精辟见解,他说:"学会的生命在于学术活动,学会活动的基本内容是学术交流,学术交流的积极的成果之一是学术论文。从某种意义上讲,学术论文质量的高低,反映了这门学科的水平,也反映了这个学会的工作活跃与否。"

韦伯十分赞赏高斯的发言,接着说:"我们要使磁学会活跃起来,首先要办一个刊物,出版大家的研究成果,至少一年出一期,就起名为《磁学会年度观测成果》吧!"

与会代表纷纷表示赞同。

这份《磁学会年度观测成果》年刊,从1836年到1841年间共出版了6卷(其中发表了高斯的论文15篇,韦伯的23篇)。

后来,高斯在物理学的磁学研究中,又获得了许多成果,如1837年改进了测量地磁强度的仪器,发明了双线地磁仪,1839年发表《地磁的一般理论》,1840年与韦伯合作出版了《地磁图》,并首次将位势论作为数学对象进行了系统的讨论等等。

不过,在学会建成以后,高斯与德高望重的洪堡之间,在感情上出现了裂痕,甚至渐渐疏远。原因是高斯发现洪堡的一个地磁实验方案有问题,提出了不同看法,并进行了严厉地抨击。本来,学术争鸣,提出不同意见是非常正常的一件事情,大家可以通过讨论、磋商以达成共识。可是,洪堡老先生放不下名人的架子,内心感到极不舒服,因而在与学术挚友高斯之间筑上了一堵高高的、厚厚的墙,由鲜花簇拥的光明大道走进了一条黑暗曲折的胡同,虽未公开表示不满,却在感情上疏远了。

当时物理学界早已重视电磁学。电磁学是物理学中的应用科学之一,是当时的尖端科学,有许多奥秘待揭,所以高斯选择了电磁学。他认真阅读前人的电磁学理论、实验报告,用心掌握要点,弄清问题本质。在此基础上,他还发明了一种磁力仪。他曾经组织建立了遍布欧洲的地磁观测网来测量大地磁场的变化。高斯通过实测数据的理论分析,提出了一个重要结论:"磁场呈现在全部地球之内。"他发明了磁强计并且解决了怎样在地表任何地点测量地球磁场强度的问题。他写了一本说明测量磁强的小书,并且把地磁的所有测量分解为现在物理的三个基本单位:长度、质量和时间。

现在中学的物理中,电磁学这部分内容里就有以他的名字命名的"高斯定理""高斯单位制"等。所以,高斯在理论磁学和实验磁学中许多方面都做出了重要贡献。

高斯在电磁电报诞生过程中,也有一份功劳。

1831年,德国物理学家韦伯在物理杂志上提出了用电磁仪器进行编码通信的大胆设想。电磁在当时已经是一门学问了,但电还只是在实验室里研究、使用。韦伯为了改变邮政传送较慢的状况,决定制造一个较快的通信机器,特别在他学习了法国电学家安培(A. M. Ampere,1775—1836)在电磁学中发现的基本原理和所做的实验,以及看了电磁仪器的奇妙功能介绍以后,这位年轻人想利用这些奇妙功能做成编码通信机器的欲望更强烈了。

韦伯在实验室独自进行实验。不久,他选择在短距离的两地各安装一台电磁仪器,并用一根导线连接起来,接上微弱电流,当甲地发生摩擦时,在乙地收到了甲地传递的信号。韦伯高兴极啦!于是,他把实验写成文章介绍了出来。

不料,文章刊登出来以后,一些教授、物理权威竭力反对,纷纷指责说:"这种实验是没有前途的玩意儿。""根本就不能发明什么电报机。"劝韦伯"早点收场,用心去研究物理上其他理论或实用问题"。

韦伯看到报刊上的指责文章以后,并没有泄气,相反，这更加促使他决心把电磁学应用于通信。

高斯每天都要关心国内外经济、时事和政治，经常去博物馆看报。有一天，他突然看到报上有一篇批评韦伯的文章。于是，他查看了韦伯发表在物理刊物上的这篇文章和一些教授的批评意见。由于近年来高斯已经开始钻研物理学，正在寻找数学用于解决物理中的实际问题的研究课题，当看到这些争议后，他决定参与电磁学用于电报方面的讨论。他花了一些时间，继续阅读电磁学方面的书，掌握了电磁学应用的资料。对韦伯的实验，他开始进行定性、定量分析，渐渐地，他在从理论到实践，从数学到电磁学之间搭起了一座桥，使两者联系起来了。

正当韦伯受到强烈指责时，高斯挺身而出，力排众议，写了一篇有理论依据、有计算的文章，公开地支持韦伯的设想与实验。他针对一些教授的攻击，针锋相对地说："韦伯的研究工作并非是什么无聊的游戏，而是在不久的将来就能把柏林同彼得堡，把巴黎同伦敦连接起来的通信手段的雏形。"

但是，一些教授认为高斯这位50多岁的老人只精通数学、天文学和语言，不太懂物理，因而对他半信半疑。

韦伯在实验室里知道了"数学王子"的支持后,兴奋得几乎跳了起来。

"高斯教授,见到您很高兴。"韦伯立刻前往天文台找到了高斯。

"年轻人,沉住气,努力吧,胜利在望。"高斯高兴地鼓励说。

56岁的高斯和28岁的韦伯,这一老一少在高斯办公室一谈就是一天,第二天仍旧谈论着这个"电磁电报"问题。

韦伯发现,高斯知识广博,能说几国语言,记忆力不减当年,在数学、文学、语言学等方面造诣很深,对物理学也很精通,甚至对欧洲革命、战争和重大的世界科技动态等方面也了如指掌。从掌握物理知识角度来讲,高斯不愧为一个伟大的物理学家,从语言、风度、朴素等外在上,给年轻的韦伯留下很深刻的印象。所以,韦伯对别人说:"高斯没有教授架子,谦虚、平易近人。"

高斯与韦伯商讨后决定:两人合作,共同进行这项"电磁电报"的科学试验。高斯是个理论物理学家,侧重理论性研究;韦伯是一个实验物理学家,负责实验工作。

高斯与韦伯一起投入到了研究电磁电报的紧张工作中,在两人联合攻关的日子里,他们合作得很默契,相互支持、互相学习、取长补短、相得益彰。不久,理论与实践相结合的花蕾绽放了,他们好几次在天文台同物理实验室之间进行的试验性的通信都成功了。

1833年,他们发明了电磁电报。

为了纪念这一创造发明,人们在哥廷根塑了石像,表现高斯和韦伯合作发明电磁电报的过程。

电磁电报的理论不是从天上掉下来的,是在前人研究成果的基础上诞生。

1820年,物理学家奥斯特(H. C. Oersted)发现了电流会使磁针偏转,同年法拉第(M. Faraday)发现了感应电流的理论,高斯他们以这两个理论为基础,发展了电磁电报的理论。理论上的保证,带来了实用电报的诞生。

据载,电磁电报的装置结构是这样的:一端(发报机)是可沿磁棒移动的感应线圈,另一端(收报机)

是线圈及用细线悬挂的磁针,中间以导线将两端线圈联成回路(带开关)。利用感应线圈的移动和开关的开断,可产生磁针朝两个方向(向左←或向右→)的偏转,即传递两种信息符号,高斯和韦伯规定了字母与偏转方向间的对应关系。如字母 G 对应于←,→→;字母 N 对应于→,←;字母 S 对应于←,←,→等等。

1833 年,世界上第一份电报出世了,电报的内容是"Michelmann Kommt"("米金尔曼来了"。此人是协助他们架设电报装置的机械工),他们共使用了 40 次磁针偏转,通信距离约为 1 千米。他俩利用这部电报机从 1833 年至 1845 年 12 年间在天文台和物理实验室间互通短小的信息。很遗憾,这部电报机于 1845 年毁于雷击。

他们发明的电报,被人们看得神乎其神。其实,一心追求那美妙的不夹杂世俗私求的学问是他们的目标。当别人祝贺高斯并问他的感受时,高斯说:"鼓起你的勇气,去做你想做的事情,重要的不在于指望取得辉煌的成就,而在于你百折不挠的精神,和你对理想的忠贞。"

电报是千里耳,是当时传递信息最快的工具,在政治、经济、生活和军事中都有着极为重要的应用。高斯与韦伯为了让这项实用先进的通信工具投入运用,满怀诚挚和期望地向汉诺威政府建议批量生产,但未获成功,致使这项科学技术推迟数年后才造福人类。

无独有偶,1833年秋天,在一艘从欧洲起航开往美国纽约的"萨和"号邮船上,有一位名叫杰克逊的医生,一位42岁名叫莫尔斯(S. F. B. Morse,1791—1872)的画家。有一天,两人在餐厅聊天,杰克逊医生拿出了一个奇异的电磁铁给莫尔斯教授看,第一次看见电磁铁的教授好奇地问这问那。教授问:"医生,电流通过导线的速度是多少?"医生告诉他,美国发明家富兰克林(B. Franklin,1706—1790)进行实验时,几十米长的导线,一端通电以后,另一端同时有电。这引起了莫尔斯的联想:"要使用电流传输信息,不是一瞬间就可以把信息送到千里之外了吗?"于是,已经小有名气的画家、教授、在艺术上有卓越成果的莫尔斯,决定弃画学电,从事发明电报机的工作。

莫尔斯抛弃铺着荣誉、鲜花遍开的艺术之路,40多岁才开始研究物理学、电学、电磁学。他是穷教授,物理知识也比较匮乏,更无实验室,学习中遇到不少困难。但有理想、有恒心的莫尔斯,经过多年的刻苦努力,最终收获到了成功的果实,在1839年1月,他50岁时终于完成了电报机的发明,并获得了专利权。

高斯与韦伯两人发明设计的电磁电报,其实比莫尔斯专利发明要早7年。

德国反对韦伯搞实验,怀疑高斯不懂物理的教授们,知道了莫尔斯的电报机用于通信以后,才真正地信服了。

高斯参加韦伯的实验,在电磁学的理论研究中,做了许多关于磁力的实验,从实验中他又发现了一些规律,并且总结成理论,得到了关于力与距离平方成反比的法则,他写出了《地磁的一般理论》一书。但由于高斯等待实验数据的证实,这本书一直拖到1839年才出版。

后来为了纪念高斯,磁通量宽度的单位就是以高斯的名字命名的。

1840年,高斯和韦伯在共同研究电磁电报的同时,还画出了世界上第一张地球磁场图,而且定出了地球磁南极和磁北极的位置,为后世又做出了彪炳史册的贡献。

高斯活到老学到老,干一行,爱一行,行行出贡献。从此,高斯又被冠以卓越的物理学家的称号。60多岁的高斯已被公认为伟大的数学家、天文学家和物理学家了。人们还把他同世界著名的阿基米德、牛顿、欧拉等大师相提并论,认为他是第四位大师。他获得了如此崇高的荣耀,光彩照人,堪与日月同辉。

高斯不仅在地磁学方面独树一帜,而且也独步于几何光学的理论问题的研究。

很多时间,高斯感到当时的光学仪器的色差是一个必须改进的问题,在刻苦研究其他课题之余,他脑海里从未间断过思考怎样解决色差的问题。但凡一个成功者,之所以成功,或许就是在于他敢于在黑暗中燃烧自己,以照亮生命的前进方向。高斯勇于在忙忙碌碌中燃烧自己,安排时间给他期望解答的问题。他常对自己说:"只要你心中的渴望不衰,动力不懈,一心思考下去,求实求真,五年之后,十年之后,你再看看自己,会惊讶于实践对你的塑造。"

色差问题,经过他殚思竭虑的思考和反复试验,终于找到了解决办法。他提出将不同质地的凸透镜与凹透镜组合使用,可以解决光学仪器的色差问题。这种物镜被誉为"高斯物镜"。它不仅可以用于望远镜,也可以用于显微镜,在宏观与微观王国里大显身手。为此,高斯写出了文字优美、想象丰富、落笔有据、言之有理的一些光学论文,如《光的折射研究》(1840年完成,1843年出版)。这些光学经典之作,犹如动力,推动了一些学科的车轮在人类文明征程上飞快地转动。

一天,高斯解决了光学的某个问题,十分高兴,回到家里,兴致勃勃地对他最疼爱的小女儿说:"只要脑中有不减的理想和生活的希望,生命就是一道永不衰败的风景线,期盼解决的难题就会败在你脚下。"

女儿也为爸爸的胜利而高兴,但她提醒爸爸说:"爸爸,您两次科研方向大移转,拼命地搞研究,太劳累了,您要注意身体。您的心脏病时好时坏的,一定要劳逸结合。"

"我知道,女儿几十年来一直关照我的病,提醒我,爸爸已经听话了。"

"爸爸,您……"女儿向爸爸做了一个鬼脸。

父女俩幸福地笑了起来。

第十三章 平行线的故事

我们知道,现今中小学课程中所讲的几何知识,大部分来自欧几里得(Euclid,约公元前330—公元前275年)写的《几何原本》一书。这本书的第一卷开头就提出了23个定义,之后接着列出5个公设(又叫公理)。公设就是经实验反复证实而被认为不需要证明的规定。其中第5个就是著名的"欧几里得第五公设",即"一直线和两直线相交,如果所构成的两个同旁内角之和小于两直角,那么,这两直线一定在两内角的一侧相交"。也就是说:"经过平面上直线外一点,只有一条直线平行于原来的直线。"后世称为著名的"平行线问题"或者叫作"第五公设问题"。

由于第五公设的文字和内容都比其他四个公设复杂得多,又不像其他四个公设那样明显、直观,因此，许多人认为欧几里得把它当作公设，也许是找不到命题的证明，并认为这是欧氏几何的"污点"。于是，后世许多数学家付出毕生精力去研究第五公设，想弥补欧氏体系的"缺陷"。

从公元前3世纪一直到19世纪，2 000多年间，许多数学家，其中包括许多著名的数学家在从事对第五公设的研究和改进工作，都想证明它不是一个公理而只是一个定理。定理与公理不同，它必须经过推理才成立。从古代的波西道尼（公元前1世纪）、古埃及的托勒密（C. Ptolemy，约公元100—公元170）和普罗克洛斯（Proclus，公元410—公元485），到中世纪的搭比伊本库拉（Thābitibn Qurra，约826—901），纳西尔丁（Nasirad-Din，1201—1274），18世纪的蕲凯里（G. Saccheri，1667—1733），19世纪的陶林努斯（F. A. Taurinus，1794—1874）等数学家都花费许多时间，甚至终生都在研究这个问题，可是研究的接力棒由一代人传到下一代人，最终都以失败而告终。

一个完整的研究平行线的故事，在19世纪才有了结果。

高斯是个最喜欢解决难题、"啃硬骨头"的人，而且一旦动手,问题往往迎刃而解。例如,做正十七边形、证明代数基本定理、找谷神星和发明电磁电报等难题。

早在1792年读中学时,15岁的高斯就曾考虑过能否把公设改为定理,一直思考到1805年。聪明的高斯渐渐地发现,历代数学家不能解决的问题,确实是不能解决,就是说不能把第五公设改为定理。1816年,高斯在给数学家、他的亲密朋友舒马赫的信中说:"2 000多年来历代数学家企图改进第五公设,但改来改去,仍然停留在欧几里得周围,没能越过雷池一步。"

第二年,即1817年,高斯正式做出结论,他写信告诉自己的同行、德国天文学家奥尔伯斯:"我日益深信我们几何中所需证明的部分是不可能证明的,至少,对于人类智力来说,是人类智力所不能证明的。"

"既然不能解决,这个问题为什么会吸引历代如此多的数学家呢?"高斯反问自己,"既然不可能解决,那么能不能从它的不可能性中引出新东西?"

1819年,德国一位数学家来看望高斯,问道:"您近年在研究什么?"

"把测量汉诺威公国的方法整理一下,写成论文,此外,还在思考第五公设问题。"

"听说,您肯定了第五公设不能改成定理,是真的吗?"

"是真的。不过,从这个不可能中,我似乎发现即将引入和产生一种不同于欧几里得的新几何,我暂称之为'星空几何'。只要知道常数,即我研究中的一个常数 C 的话,大功便可告成。"

希腊哲学家柏拉图(Plato,约公元前 427—公元前 347)曾说过:"良好的开端,等于成功的一半。"四年后的 1824 年,高斯经过刻苦钻研,基本上解决了这个问题,他写信给数学家托里努斯说:"三角形的三内角之和小于 180°,这假定会导引到特殊的、与我们的几何完全相异的新几何。这新几何是完全一贯的,并且我发展它本身,结果完全令人满意。除了某一常数 C 的值不能先天地予以表示定义外,在这种几何里我能解决任何课题,而它的无穷大值会使双方系统合二为一。"

高斯研究以后所得到非欧几何的一些结论,并非信口雌黄,而是经过一些实验得来的。例如关于三角形三内角和是多少?微观三角形三内角和的问题,欧几里得已解决(等于180°);而在宏观三角形中,高斯利用他测量的高超本领,实测了由布罗肯(Brocken)、霍赫哈金(Hohehagen)和英塞尔斯伯格(Inselsberg)三座山峰构成的三角形内角之和,三角形三边分别为69,85,197千米。通过计算,高斯得知这个宏观三角形三内角之和小于180°。

就这样,高斯思考、研究的新几何诞生了。为与欧氏几何相区别,高斯在1824年11月8日,在给陶里波斯(Tauinus)的信中,第一次提出"非欧几何"一词,这一名称沿用至今。令人遗憾的是,高斯这项研究成果始终没有发表,只是在信上、口头上透露过,并只有少数人知道。他死后,在遗留下来的手稿中,就有一部分是研究非欧几何的。

差不多在高斯发现这种新几何的30年以后,一位年轻的匈牙利数学家 J. 波尔约(J. Bolyai,1802—1860)也独立研究出了类似的新几何,并且写成了论文。这个年轻人的学术命运与高斯有关。

J. 波尔约是高斯大学同学、亲密朋友 F. 波尔约的儿子。父亲 F. 波尔约是个思想上相当保守的数学家。过去高斯常与他在一起讨论一些数学中的基础问题,特别是平行线公设。J. 波尔约从小就对数学有强烈的兴趣,10 岁开始研究数学,13 岁已经学会了微积分,并且还会应用来解决实际问题。大学数学系毕业的父亲已经无法教他新东西了。父亲曾写信给高斯,想让他当高斯的学生,但未能如愿。1817 年,J. 波尔约考入维也纳皇家工程学院,学习军事,1822 年毕业。

父亲终生从事第五公设的证明而没有成功,儿子受其影响,在读大学时也从事第五公设的研究。父亲没有研究出来的,儿子却还要研究,父亲知道以后伤心透了,立刻写了一封扣人心弦的阻止信,要求 J. 波尔约停止研究:"希望你不要再做克服平行线论的尝试。你花了所有时间在这上面,但你会发现你一辈子也证不出这命题,决不要用你报告我的方法或其他任何方法去尝试克服平行线理论。"父亲满腹辛酸地又写道:"我熟知了一切方法直到尽头;我没有遭遇一个未曾为我所探讨过的思想。我经过这个夜的无希望的黑暗,并且我在这里面埋没了人生的一切亮光、一切快乐。老天啊！希望你放弃这个问题。"他又忠告儿子说："投身于这一贪得无厌地吞噬人们智慧、精力和心血的无底洞，浪费时间在上面，一辈子也证明不出这个命题来。"最后父亲告诫自己心爱的儿子："对它的害怕应当更多于感情上的迷恋，你必须像痛恶淫荡的交际一样痛恶它。这是因为，她也会剥夺你的生活的一切时间、健康、休息，一切幸福的。这是我心里永远的创伤……"

父亲用心灵的创伤企图打动、制止儿子研究第五公设问题，但是，坚强而有毅力的儿子，被"平行线问题"迷住了，他已看到了胜利的一线曙光。父亲这封感情诚挚的信，没有打动儿子的心。

三年后的1823年11月3日，21岁的J.波尔约写信给父亲说："我决定出版自己关于平行线的著作，一旦情况允许，我就会把资料整理就绪。现在我还没有达到目的，但是我已经获得一些不错的结果；如果这些遭受摧残的话，那么真是太可惜啦！当您看到这些结果的时候，也会这样想的；我暂且说出一点，就是我已经创造了新奇的世界。"

1825年，J.波尔约已基本上完成了非欧几何学，他论断:"通过不在一直线上的一个点,至少可以引出两条直线,平行于已知直线。"可是,他那保守而固执的父亲却一再拒绝帮助他出版。

1829年,J. 波尔约把用德文写成的几何学论文抄件寄给母校的数学教授艾克维尔,不幸抄本丢失。1831年,经过J. 波尔约再三解释和请求,父亲才答应把儿子的标题很长的著作《绝对空间的科学,和欧几里得第十一公理(即第五公设)无关……》,当作一个"附录",出版在自己的《将好青年引入纯粹数学原理的尝试》(1832年出版)。后人把J. 波尔约的著作简称为"附录",除去标题和正误表之处,全文仅24页,这区区的24页,使J. 波尔约名垂不朽。

出版前的1831年,父子两人将样稿寄给高斯,想听听他的意见,可是这个样稿遭到意外事故,不幸途中又一次丢失了。1832年1月,他们又重新寄去一份。年轻的J. 波尔约是多么希望能从数学王子、当时的科学权威那里得到支持啊!他哪里知道,当时的高斯由于害怕保守势力的舆论的指责,早就终止了对非欧几何的研究。当高斯于1832年2月14日收到信和"附录"样稿以后,非常吃惊,他发现这和自己约30年前(从1805年算起)研究的结果不约而同。高斯明白,非欧几何学在理论上是正确的,但可能无法被人理解,因它颠倒了人们的传统想法,并且更重要的是,它的发表是对一切保守派和形而上学的严重打击,甚至会遭到围攻和迫害。于是,高斯采取了错误的态度。他在回信中对J.波尔约的工作给予热烈的赞许,认为这位匈牙利青年"有极高的天赋"。又说他不好称赞J.波尔约,因为"称赞他等于称赞我自己"。又接着写道:"我本来永远不愿意发表,现在有了老友的儿子能够把它写下来,免得它与我一同湮没,使我快乐地感到惊奇的是,现在可以免去这劳力的耗费……"

年轻的J.波尔约不太理解高斯推心置腹的信,误认为高斯动用自己早已拥有的崇高权威来垄断和夺取非欧几何的发明优先权,把自己用心血浇灌出来的成果和呕心沥血的辛勤工作否定了。虽然把他抬到大科学家的地位,但是又不承认他研究成功的优先权。因此,这封信对要与传统势力公开宣战而又孤立无援的J.波尔约来说,真的好比釜底抽薪,使他陷入更加难堪的境地。后来J.波尔约转为愤怒,从此，性情孤僻了，身体变坏了，再也不发表任何数学论文，甚至放弃了数学研究，直到去世。"壮怀激烈千古恨，初出茅庐志已衰。"J. 波尔约这种态度是不可取的，令人叹惜。后来，J. 波尔约仍被人们誉为这门学科的创始人之一。在他死后34年的1894年，匈牙利数学物理学会在毛罗什—瓦萨尔海伊那座已被遗忘的墓地上竖起了一座 J. 波尔约石像，以纪念他创立非欧几何的功绩。

本来，一种学说、一门学理先后或者几乎同时在异地被发现，在历史上是屡见不鲜的，就像春天的紫罗兰在各地一起开放一样。一个真正的科学家应该有像商人那样的冒险精神，经得住盈亏的大起大落。

1840年，63岁的高斯正在翻阅刚送来的一本柏林出版的《平行线理论的几何研究》一书，顿时像被磁铁吸引了一般。书的作者是俄国喀山大学数学教授罗巴切夫斯基（Н. И. Лобачевский，1792—1856）。这名字多么熟悉啊！"啊！想起来了，他是我的老师巴特尔斯的学生，这本书中的主要内容曾在1826年2月23日的喀山大学物理数学系上宣读过。这也是巴特尔斯老师十多年前来信讲过的。"高斯看了这本书的出版地,接着又自言自语地说:"怎么他这本书不在本国出版发行,却要在德国发表呢?"洞察力不减当年的高斯敏锐地意识到了其中的问题。

夫人见老头子一会儿兴奋,一会儿又自言自语地沉思,就问他:"又是什么把您吸引了,这么入神。"

"好书、好书。不仅书好,更重要的是有胆量,有魄力!"高斯称赞道。

"书有什么胆量、魄力?"夫人不解地问。

"唉!说来话长。也许我这一生最大的错误就在这里了。想当初,J. 波尔约研究出非欧几何,我不敢像支持韦伯发明电磁电报那样挺身而出。我埋没了人才,伤害了 J. 波尔约,现在后悔莫及了。不过,我也有难处呀。"高斯自责地说了以后,又回到沉思中。

对于高斯的难处,夫人是了解的。

高斯所处的时代,正是德国由封建社会向资本主义社会过渡的时代,德国资产阶级一方面反对封建制度,向往革命;另一方面又害怕革命壮大人民群众的力量,因而不敢采取实质的革命行动,而宁愿与封建统治阶级妥协,企图通过改良来达到自己阶级的政治目的。高斯深受这种社会意识的影响。因此,他一方面是奋进的勇士,几乎不畏惧任何困难,勇往直前;另一方面他的某些行为显得懦弱,不敢直面激烈的斗争。这也是他始终不敢发表非欧几何论文的主观原因。客观上,当时的欧洲教会势力相当强大,唯心主义及其传统观念牢固地控制着人们的精神,虽然科学也在蓬勃发展,但科学只是作为神学的婢女,一旦科学的某一方面触犯了神学,传统势力就要把科学的那一方面连同倡导的人一起埋葬。正如后来列宁所说:"如果数学上的定理一旦触犯了人们的利益(更确切些说,触犯了阶级斗争中的阶级利益),这些定理也会遭到强烈的反对。"

高斯是一个关心社会的人,他深知非欧几何会触犯教会势力的传统观念,人们也难以短时间内理解它的理论,他不敢也不愿担这个风险。所以,当J.波尔约寄给他有关非欧几何的论文时,他便采取了那样一种暧昧的似乎有些玩世不恭的态度。当然,他当时也许没有想到,这样会毁掉一个踌躇满志的天才的科学家,也料想不到会撞毁一颗初露锋芒的数坛新星,从而会滞延数学的发展。他也没想到在他和 J. 波尔约之外,还有一位有胆有识的人也在进行与他们相同的研究,并不顾一切地高举着自己鲜明的旗帜。

罗巴切夫斯基使高斯吃惊,使高斯不由得打心眼里佩服。

罗巴切夫斯基确实是一位富有进取精神的科学勇士。1826 年 2 月 11 日(旧俄历),罗巴切夫斯基在俄国喀山大学物理数学会议上宣读了一篇论文:"几何学原理的扼要阐释暨平行线定理的一个严格证明。"(后来人们把这一天定为非欧几何诞生日)著名教授西蒙诺夫和谷浦菲尔、助教白拉什孟被委任审查论文,白拉什孟十分轻视这篇论文,其他委员也持同样态度。他们不懂论文中的理论,无法理解它。所以,委员会审查了半天最后也没有做出审查结论,当然也不同意在该系学报上发表,后来连原稿也给遗失了。委员会是这样一个态度,系里除有一位教授公开支持外,其他人也都不赞同。这对罗巴切夫斯基形成了极大的压力。罗巴切夫斯基没有屈服于强大的习惯势力,力排众议,仍坚持自己的观点,不怕挫折,继续修改、完善自己的理论。"宝剑锋从磨砺出,梅花香自苦寒来",他经过深思熟虑,反复推敲,于1840年在德国柏林出版了这部较为成熟的非欧几何论著。这本书使年迈的高斯激动不已,不禁反思。也是这本书激怒了另一位非欧几何的创始人J.波尔约,使他怨厌高斯,错怪高斯阻碍他获得非欧几何学的"发明权"。

其实这"发明权"在那个时代是不存在的。非欧几何诞生以后,知道的人很少,尤其是罗巴切夫斯基的天才科学思想,大大超越了时代的认识水平,竟一度被攻击为"荒唐透顶的伪科学",被视为异端邪说,成为仁人学者茶余酒后的笑料谈资。他们不仅不承认它的科学性,有的杂志还发表文章,攻击非欧几何荒唐,甚至漫骂罗巴切夫斯基是疯子。态度和缓的也只是说应该以宽容和惋惜来对待罗巴切夫斯基这个"错误的怪人"。这股不知什么人有意刮起的歪风,使得当时对几何一窍不通的德国著名诗人歌德(1749—1832)也在《浮士德》诗里对他予以嘲讽。这段德文诗稿,被我国数学家苏步青(1902—2003)教授译为中文曰:"有几何兮,名为非欧,自己嘲笑,莫名其妙！"

可见，罗巴切夫斯基的处境，比起 J. 波尔约来，还要糟糕十二分。

数学王子高斯并没有想跟 J. 波尔约争"发明权"，虽然事实上他早于 J. 波尔约开始思考非欧几何的问题。1829 年，他在一封给数学家贝塞尔（F. W. Bessel，1784—1846）的信中，比较明确地说出了他对发表非欧几何理论的态度："我害怕会引起'标丁人'的喊声"，"黄蜂会围绕你的耳朵飞"。欧几里得是古希腊哲学家、数学家，他的学识渊博，欧洲教会势力认为他是神圣不可侵犯的。"标丁人"是古希腊标丁省居民，雅典人把他们看作是没有教养的粗野的愚人。

后世数学家和科学史家在评论这一历史事件时，对三位创造非欧几何的数学家所持的态度，做了客观的评价：高斯保守，J. 波尔约消沉，罗巴切夫斯基勇敢坚强。尤其是高斯，人们说他采取保守态度对待非欧几何，心甘情愿地屈服于反动势力，不为真理而战，使非欧几何至少推迟 50 余年才诞生。美国著名数学家贝尔（E. T. Bell，1833—1960）在他著的

《数学工作者》一书里,曾这样批评高斯:"在高斯死后,人们才知道他早预见了一些19世纪的数学,而在1800年之前已经等待它们的出现。如果他能把所知道的一些东西泄露,很可能现在数学比目前还要先进半个世纪甚或更多的时间……"

的确,高斯在50多年前就有了非欧几何观念,正如他在1846年11月28日给舒马赫尔的信中写道:"不久以前,我有机会再一次阅读了罗巴切夫斯基的论文……罗巴切夫斯基称之为'假想的'几何学。您知道,我对此有同样的观念已经有50余年了。从那时候起,并没有任何改变,在罗巴切夫斯基的著作中,我获得了同样的思想,我没有找到对自己是新的东西,但是他的叙述却与我的不同,作者叙述了作为一个真正的几何学家所提出的论题。我建议您研究一下这样的著作,它会使您得到益处。"

高斯虽然肯定罗巴切夫斯基的成果,但他没有勇气在当时发表文章支持,这是令人深感遗憾的事情。

后人也批评说,高斯本人对知错不改的人,是非常厌恶和鄙视的。他在对待非欧几何方面,事后知道自己错了,就在给朋友的信中,或者在与科学家的交谈中和日记中赞扬、支持非欧几何,承认自己犯了一个大错误。

非欧几何学的发展,也实在太困难了,以至于在高斯、J. 波尔约、罗巴切夫斯基三位创始人都入黄土后若干年,它才被人们承认。

后来,高斯的学生黎曼,又创立了一种以他自己名字命名的《黎曼几何》。

黎曼是发展非欧几何体系的德国著名的数学家。他自幼家境清苦,兄弟姐妹6人,但一家人十分和睦,这给他的成长提供了良好的环境。黎曼6岁读小学,他的数学天才开始崭露头角,几年以后,由于他的解题能力极强,他的数学老师就得围着他转了。14岁读大学预料,19岁进入哥廷根大学读神学,后来在著名数学家高斯的影响下,他放弃神学改学数学,成为高斯晚年的门生。

1850年,24岁的黎曼在高斯的指导下,于1815年11月完成了博士论文《复变函数的基础》,他的导师高斯在审阅时给予了极高的评价,写出的正式评语是:"黎曼先生提交的论文令人信服地表明,作者对文中讨论的课题进行了深入和透彻的研究,表明作者能够进行创造性的、积极性的、真正数学的思维,表明作者有极其丰富的独到见解。文章的表述清楚、准确,有的地方十分优美,尽管段落的安排似乎可以更有条理些。但总的来说,这是一篇很有分量、很有价值的文章,它不仅达到而且远远超过了对博士论文的要求。"

获得博士学位以后,为了获得没有固定报酬、以学生的听课费为收入的大学编外讲师资格,黎曼向哥廷根大学提交了《论几何基础上的假设》等论文。这篇论文利用高斯和他奠定的微分几何的方法,把三维空间的几何理论推广到了更一般的 n 维空间,从而创立了一门崭新的数学学科分支"黎曼几何"。1854 年,28 岁的黎曼晋升为哥廷根大学编外讲师,在就职典礼上,他宣读了这篇具有划时代意义的"黎曼几何"论文,成为 19 世纪最伟大的成就之一。这篇论文除了他的导师高斯以外,没有第二个人能听懂。十分幸运的是,高斯给予了充分肯定和极高的评价。否则,可能会出现数学史上新学说因曲高和寡而被打入冷宫,暂时难以面世的悲剧。

黎曼在数学上留下的作品不多,只够出一卷的论文专著,但是他的精辟独到的思想却是后人取之不尽的源泉。在他涉猎的一切科学领域都提出了一些独创性的见解。以他名字命名的数学学术用语有十多条,如"黎曼假说""黎曼曲面""黎曼映射定理""黎曼几何""黎曼ζ函数"等。

黎曼的成就很大,但生活一直贫困,全家8口人,靠他一个人挣钱养活。他较长时间内都只是一名编外讲师,经济收入很不稳定。后来当上教授以后,仍无私地供养4个妹妹,自己过着清苦的生活。

1862年,36岁的黎曼才结婚,第二年有了一个可爱的女儿。可惜,他在婚后不到一个月就得了胸膜炎,由于生活艰难,工作劳累,他的体质变得很弱,三次到意大利去疗养,都因手头拮据,尚未痊愈就匆匆忙忙回来上班教学。他最终败在病魔的手下,于1866年7月20日,带着对亲人的眷恋,带着对未竟事业的遗憾,走完了他人生的旅程,年仅39岁。

美国数学家 L. A. 斯蒂恩在主编的《今日数学》一书中写道:"黎曼收入微薄,不敷日用,以至挨饿,但仍坚持工作。他的数学研究几乎影响每一分钟,只举一例,爱因斯坦的广义相对论就是以黎曼所发展的数学为基础的。"

欧几里得几何、非欧几何和黎曼几何是三种逻辑正确、相互独立的科学,他们站在不同的角度发展自身正确的公理、定理,并在现实中各显神通。

这三种几何有许多定理,是那样有趣地相互对立。比如欧氏几何中说,"过已知直线外一点只能引一条直线和原来直线平行";非欧几何却说,"过已知直线外一点至少可以引两条直线和原来的直线平行";而黎曼几何则说:"任何两条直线都相交(即没有平行线)"。又如三角形内角和定理,欧氏几何说,"三角形三内角之和等于180°";非欧几何说,"三角形三内角和小于180°";黎曼几何则说,"三角形三内角之和大于180°"。又如欧氏几何说,"存在相似图形";非欧几何和黎曼几何却都说,"不存在相似图形"等等。这三种"互相矛盾"的几何都在不同场合下发挥着巨大作用,并且逐渐被人们理解。

关于理解非欧几何是不太困难的。例如,"过直线外一点,至少可以引两条直线和原直线平行"(这又叫罗巴切夫斯基平行公理)。我们可以容易地这样来理解:

设想有如图 5 所示的一个半径为无穷大的圆,圆内为平面,BC 为圆的一条弦,点 A 为圆内且在 BC 外的任一点,则过点 A 至少可以作两条线 DE,FG 和弦 BC 不相交。

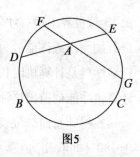

图5

我们又设想这个圆的半径不断增大,以至无穷,则圆内三条弦就都变成长度无限的三条直线了。这时直线 DE 或 FG 不会在圆平面内同直线 BC 相交。换句话说,过点 A 至少可以作两条直线 DE 和 FG 与直线 BC 平行。

非欧几何的实际应用,在科学技术中很早就开始了。例如,高斯在当时的确实实在在地在地球上找到相距最远的三点,具体测量得到三角形三内角之和不为 $180°$;同理,宇宙中三个小行星构成的三角形内角之和不为 $180°$。后来爱因斯坦建立的广义相对论的数学基础也受惠于非欧几何。

当今,由沃里克大学戴维·爱泼斯坦教授倾注了他大半生的时间潜心研究绘制内角和小于 $180°$ 三角形的方法令人震惊。他这项几何超级计算工程是由13位世界上最有才华的数学家和计算机专家共同进行的一门或许能胜过传统几何学的开发工作。这门新学科是计算机时代的产物,无法手绘,只有借助计算机才能创造出这种图形。

在树叶卷曲部位表面上三角形轨迹的内角和小于180°(非欧几何),因为曲线相交的三个点是位于双曲平面上的。相比之下,赤道和两条经线组成的一个球形三角形轨迹的内角和会大于180°(黎曼几何)。利用计算机,这位教授制出了令人惊叹的三角形镶嵌图。

大自然把人们困在黑暗之中,迫使人们永远向往光明,非欧几何、黎曼几何的实际应用正是对人类向往的回报。

第十四章 不忘培育之恩

暑往寒来,光阴似箭,高斯已经是一位鬓发斑白的老人了。高斯的父母早已去世,舅舅退休在家,高斯常接济这位给自己引过路的长辈。

一天,舅舅到高斯家来玩,并告诉高斯:"布伦斯维克小学老师布特纳已经是70岁的老人了,桃李满天下。他的学生一致要求当局为他举行'数学五十周年'纪念活动,决定下星期天举行庆祝纪念会。"舅舅希望高斯参加。

高斯听了说:"布特纳老师是人类智慧的传播人,一生辛苦培养学生,在我身上还留有他的血汗的痕迹哪!我一定去。"

一旁的高斯夫人听后对舅舅说:"你外甥这几天身体状况欠佳,乘车不方便。写一封贺信,再带上礼物,请舅舅代表不是很好吗?"

"可以,可以。"舅舅同意了。

"我应当去,我有今天,与布特纳恩师的发现、培养是分不开的,怎能不亲自去呢?"高斯坚持说。

"布特纳老师是值得尊敬的人,首先发现了您,也的确在您身上花了许多心血培养您,照理说,应当亲自去。可是,您近几天病了,走路都很困难,还是不去为好。再说,您有今天,不要忘记舅舅这位伟大的启蒙老师。"妻子也坚持说。

"我看外甥就不必去了。我一定能将你的心意亲自传达给布特纳老师。还是请外甥快写封贺信吧!"舅舅说。

"好!我听你们的。不过,太遗憾了。万望舅舅带我们转达,并请他来天文台住一些日子。"高斯说。

庆祝布特纳老师从教五十周年活动当天,热闹非凡!来自全国各地的祝贺者,绝大部分都是他的学生,也有少数家长。布伦斯维克城里,穿着盛装的男男女女,向布特纳老师住处潮水般地涌去。他们中有满头白发的老年人,有年富力强的中年人,有朝气蓬勃的年轻人,还有天真活泼的儿童。祝贺者笑语满堂,春风满面,沉浸在节日似的欢乐之中。

布特纳老师今天神采奕奕,稳步走在祝贺者中间,与他们握手、拥抱、问候、寒暄。过去课堂上亲切、洪亮的声音,仿佛又把学生们带到童年,勾起了他们对美好童年的回忆。

腓特烈走上前去,抓住布特纳老师的双手,说:"高斯教授近日身体不舒服,他坚持要来,被我们劝阻了。今天特委托我代表祝贺。他邀请老师去哥廷根天文台做客……"舅舅把要传达的话一气说完。

"谢谢,谢谢。高斯教授不必来了。他也跟我一样,青山白了头。只要他没有忘记我,就是最大的安慰。日后一定去拜望。"布特纳老师激动地说。

纪念会开始了。大家要求腓特烈首先代表高斯先生读贺信,人们尊敬高斯,更了解老师与高斯的特殊关系。腓特烈先生也不推辞,登台念了高斯的祝词。

敬爱的布特纳老师:

在您执教五十周年之际,请接受您的学生真诚而热烈的祝贺。

五十年来,您的学生桃李满天下。过

去我们欢聚一堂,今天在祖国的四面八方,成为祖国建设的栋梁。回想老师日日夜夜的心血灌溉,热情地手把手地培养,又怎能不使我们回忆儿童时代的美好景象。

学校是广袤无垠的疆场,初出茅庐的我们,在老师们的指引下,像矫健的骑士自能领略它独特的风光,扬鞭奋蹄,让我们去追逐明天的太阳。

教室像个大花园,您面前一丛丛鲜花娇艳欲滴,在园丁的辛勤劳动下,鲜花永远长在春天的阳光下。

黑板这一片黑色的海洋,您用粉笔在上面泛起一道银色的波浪。如今,海平面上已经放射出灿烂的霞光。

布特纳老师,是您在宁静的课堂里,把知识的奶浆一滴滴地滴进我们幼稚的心房,一步步把我们引向知识的海洋。您讲课多么有趣、生动。昨天您交给我们计算、求证,今天,我们已经叩开知识殿堂的大门。

老师,是您在通向科学高峰的崎岖道路上,铺出石梯,让我们拾级而上。

是您广搜群著,博采百家,编出讲稿。您为我们终年劳累奔忙,使我们获得了宇观、宏观和微观世界的许多知识宝藏。

我们遇到疑难,您总是温和而耐心地启迪与解惑。您的教诲似阳春雨露,滋润了我们的心田;似三月和风,吹散了我们心头的迷雾。

您善于用爱和感情的泉水,擦亮孩子们心灵的窗户,洗掉孩子们心灵上的灰尘。您对学生的爱,不是空洞、华丽的说教,也不是慷慨陈词,而是渗透在对学生的一言一行之中。

您是结成晶莹的冰的清洌的水,您是点燃无数火炬的一支火柴,为了我们,您倾注了全部的心血,献出了全部的才能。在您倾注心血设计的大厦上,有无数您亲手砌筑的红墙。

如今,布特纳老师,您的一头银发,就

像晨风中的一片白云,您不会觉得白白地在彩色缤纷里消磨了美丽的时光,因为,您在神圣的事业和圣洁的乐土上,贡献了自己的一切力量;您不会感到空虚,您的伟大功绩,标记在祖国所有土地上;您的每一节课,已经变成了多少个工厂、矿山、钢铁、论文、商品和农牧场。

老师啊!过去见到您深夜窗下的灯影,我们自疚。

听到劳累园丁的咳嗽,我们自愧。

看到您简朴的穿着,我们自责。

我们感激的泪水不能涌向腮帮,只能在心底潜流。

最后,祝老师永远健康。

您的学生 高斯敬上

听完高斯的祝词,全场热泪盈眶。这封充满激情、发自肺腑的诗歌一般的信,表达了全体学生的心声。布特纳老师更是激动不已,感慨万分。

高斯忘不了儿时的恩师,布特纳老师也时时惦念着这位几十年前的学生。是这位学生改变了老师怀才不遇的想法,使老师几十年如一日地培养了一批又一批的人才。当年布特纳发现高斯的数学天才时,他也许并未想到高斯一定会成为举世瞩目的数学家。几十年过去了,高斯已是名牌大学的教授和著名天文台的台长了,但布特纳老师仍像几十年前一样,了解这位学生,了解他的成就、他的性格、他的为人和品德。

高斯的成就是伟大的,是有口皆碑的。他虽然出书不多,但都已成为经典;他发表了155篇论文,这些论文多是极其重要的,而且影响深远。

高斯思考的多,发表的少。有许多重要的成果,因他自己认为还不尽善尽美,始终未肯发表。在学术上,他恪守这样的原则:"问题在思想上没有搞通之前绝不动笔。"只有在论证的严密性以及语言文字甚至叙述体裁等方面都达到无可指摘的程度,他才肯发表论文。"宁肯少些,但要好些。"他十分严谨,有时显得过于谨慎,正如他的同事们所议论的:"高斯研究的成果,不成熟是不愿意发表的,这是他的美德。"

"这一点应该是每一个科学工作者的原则,因为这样做,表现了高斯对待成果认真负责。"

"但是,事情也要看到另一方面,他过于拘谨,文章过于简洁,他的思想、方法和具体内容很难让人理解,真是理深词简,知之者稀,更不用说及时理解、消化了。"

他的学生,德国数学家雅可比(C. G. J. Jacobi, 1804—1851)说:"他的证明是僵硬地冻结着的,人们必须将它们熔化出来。"挪威年轻的数学家阿贝尔(N. H. Abel,1802—1829)更形象地说:"高斯像是狐狸,用尾巴扫沙子来掩盖自己的足迹。"

一位数学家又生动地评论说:"高斯教授,几乎没有人在数学上与他一起进行创作,这说明什么?他对研究有谨慎的态度是好的一面,但是过于谨慎,过于简洁,往往使一些数学思想的火花,不能被别人看见,有一些星星之火,不能在集体的智慧中燎原,这是高斯治学里美中不足的。"

科学家们的评论,也并不是没有根据,高斯在数学上的许多重要思考,都只留在他的草稿堆里和日记中。用文字留下来的这些思维痕迹,往往十分简单,缺少分析和思考过程,有的只写出结论,有的只写出猜想,有的只有简言细目,有的只是一点点推理过程,这些东西即使交给别人,别人也很难了解他的思想、方法和思维过程。高斯死后,他的12卷文集的整理出版工作延续了50年之久,真是一项马拉松式的整理出版工作。

高斯在阐述理论和写证明过程的时候,总是省略探讨和分析的过程,用最精炼的结构来表达他的论证。他可谓节约语言的典范,简洁的楷模。正如英国戏剧大师莎士比亚(Shakespeare,1564—1616)曾说:"简洁是智慧的结晶,冗长是肤浅的藻饰。"因此,人们只看到他简练、完美、精彩和令人钦佩的论证,却无法知道他的认识过程和想法。一次,有一位科学家大胆地问:"高斯教授,您写论文为什么要这样呢?"高斯解释说:"瑰丽的大厦建成后,应该拆除杂乱无章的脚手架。"

高斯是一位兴趣广泛、多才多艺的科学家。他在研究数学或其他科学之余,广泛阅读当时的欧洲文学和古代文学作品。他对国际时事和政治也感兴趣,每天最少花一小时读报纸,人们常常看见衣着朴素、举止文明的高斯在博物馆里专心读报。他很喜欢语言和文学艺术。他认为：一个科学家只有单一的专业知识，没有其他的一些兴趣、爱好，要想在思想上保持青春，眼光敏锐，有所作为，恐怕是不可能的。比如搞理工科的撰写论文，应懂得文学、历史，以提高阅读和文学写作能力，有些论文缺乏用词遣字的功力，这跟文学修养差有关。总之，一个人兴趣不能太窄，业余生活更应该充实，丰富多彩。

高斯会说十几种外语，他很重视外语的学习，他认为利用外国语言工具，可以直接从众名家的字里行间汲取营养。高斯为了考验记忆力，他62岁的时候，在没有人帮助的情况下还自学俄语。花了两年时间，他就能顺畅地、直接阅读俄国作家和诗人的散文、诗歌及小说，而且可以用俄文直接和俄国彼得堡的科学家通信。东欧与西欧语言文字、语法差异较大，相互转换是要下功夫的。有一些前来拜访他的俄国科学家，发现他的俄语说得比较准确，就问他："教授的俄语是谁教的?"高斯解释说："听别人读字母以后，自己学习的。"

天文台的同事们很喜欢他这样一位终身台长，严以律己，宽以待人，对人谦逊，态度和蔼。部下都很尊重他,常和他一起交流天文观测等问题。

哥廷根大学数学系的师生,也很喜欢高斯教授。高斯讲课语言精辟,要言不烦,旁征博引,表达生动。他分析问题透彻,推理严密,经常深入浅出地把外界或自己研究的新成果介绍给学生,启发学生们怎样治学、研究、怎样发现问题,创造性地解决问题。常言说,"学生是教师的影子",高斯学习舅舅、布特纳老师、巴特尔斯老师,不仅耐心启发,一丝不苟地传授知识,而且还注意介绍学习方法和培养独立工作能力。

布特纳老师一生中培养了许多人才,高斯是其中最杰出的一位。高斯虽已是世界知名的大数学家、教授,但他一刻也没有忘记布特纳老师的培养之恩,他总是把自己的成长和成就跟布特纳老师联系在一起,到老都还从布特纳老师对自己的培养中吸取经验。他也像布特纳老师一样,十分注意发现每个学生的天资,用心爱护和引导,不要求甚至不希望学生都跟老师一样,只顺着老师的脚步走。例如前面已提到,在高斯的学生中,有一位高才生,他就是黎曼。高斯很早就发现了黎曼这个人才,特别用心地培育他。黎曼在高斯的鼓励帮助下,后来成了一位伟大的数学家,创立了有别于高斯非欧几何的"黎曼几何",在数学中独树一帜。

第十五章　让新星升起

1800年,高斯发现了椭圆函数,写出了主要思路和一些结果。他恪守"问题在思想上没有搞通之前绝不动笔"的原则,把写好的手稿搁置起来,等达到无可指摘时才写成论文发表。因此,他把这篇椭圆函数的论文冷冻了起来,转去研究其他问题。

30年后的1830年,哥尼斯堡大学的年轻教授雅可比,在研究椭圆函数理论时成效显著,他常常去访问"数学之王"高斯,向高斯报告自己研究进展的情况。每次高斯总是耐心指导,认真解答。后来高斯发现这颗新星在椭圆函数研究方面很有希望,是个人才。于是,雅可比以后去请教时,高斯教授每次都从角落里找出一叠纸质已经发黄的手稿,指给他看一些地方。原来,雅可比的"最新成果",早在30年前就被高斯发现了。

这件事使雅可比非常失望和沮丧。高斯却像慈父般地鼓励雅可比不要灰心。"我感到非常高兴与轻松，"一次高斯对雅可比说，"因为有了您的卓有成效的研究，现已推进了椭圆函数的理论，我可以不再字斟句酌地把我过去研究的成果写成论文发表了。年轻人不要有顾忌，勇敢地前进吧！"

雅可比知道恩师高斯的治学是沉溺于思想，创造性灵感出奇地丰富，但他把尽快地将思想诉诸系统的文字并拿去发表视为苦差事。雅可比也深深知道，关于椭圆函数的发现权是属于高斯的，但高斯却不要，更不去争，而是有意地把这个个人受益终生，甚至惠及子孙后代的荣誉让给青年人，让青年人较早地有机会一展风采，脱颖而出。

后来雅可比与挪威数学家阿贝尔（Abel，1802—1829）先后独立地发现了椭圆函数，成为"椭圆函数理论"的奠基人。当雅可比在出版《椭圆函数的新基础》一书时，他学习高斯淡泊名利、实事求是和谦逊的美德，在书中写出了事实的真相，说明他的恩师在30多年前就发现了椭圆函数，并且对其进行过无私的指导和提供研究成果。当然，人们以发表的文献日期为根据,还是把雅可比(以及阿贝尔)作为这门数学分析领域新学科的创始人。这件事在数学界成为美谈,成为人们科学道德的光辉典范之一,并且流芳后世。

1849年是高斯获得博士学位的50周年,7月16日,哥廷根大学、柏林大学以及数学界的朋友、大学生为高斯举办了一次庆祝纪念大会。

庆祝会设在哥廷根天文台的一间大厅里。当天傍晚,大厅内灯光辉煌,照得参加会议的人个个容光焕发,分外生动。年逾古稀的高斯老人,鹤发童颜,精神矍铄,思维敏捷地与人谈笑风生。

主持人颂扬了高斯获得博士学位50年来的光辉成就:为德国数学的发展带来生机,为数学宝库加入了闪亮瑰丽的珍珠,成为世界数学史上四大数学家之一。接着高斯简言致谢,最后来宾们即席发言,整个会场气氛浓郁热烈,兼有花香、水果香、葡萄酒香……

突然,高斯的学生、柏林大学教授、解析数论创始人狄利克雷(P. G. L. Dirichlet,1805—1859)一个箭步冲向高斯,迅速从高斯教授接近烛火的手上夺下一张纸。原来,坐在高斯不远处的狄利克雷,看见他毕生钦佩的老师正准备用他的成名著作《算术研究》的一张原始手稿点烟斗,大吃一惊,眼疾手快而又略显冒失地从老师手上抢过,奉为至宝,终生珍藏。这一页手稿是在狄利克雷死后,人们从他的论文手稿中发现的。

狄利克雷为什么这样做呢?因为他对自己的老师高斯非常崇敬,可谓尊师重教的典范。平时他身上总是带着高斯的名著《算术研究》一书,即使出差旅行也不例外。他还花了许多精力对高斯这部名著进行整理和研究,并且做出了一些具有创造性的新成果。由于高斯的这部著作远远超出了当时的认知水平,以致学术界对这部著作因为难以搞懂而采取敬而远之的态度。狄利克雷却别开生面地应用了解析方法来研究、宣传、介绍高斯这一著作,写出最精彩的研究高斯数论的佳品《数论讲义》一书,让更多的人真正理解。因此,当他看到高斯老师要烧本书一页手稿时,心为之一颤,果断地采取了上述行动。

数学家狄利克雷是一个数学迷,一生只热心于数学事业,对于个人和家庭都漫不经心。他对孩子也具有数学般的刻板,因此,他的家人和亲友对此意见很大。如他的儿子常说:"啊?我的爸爸吗?他什么也不懂。"他的一个调皮的侄子说得更生动、形象:"我六七岁时,从我叔叔的数学健身房里所受到的一些指教,是我一生中最可怕的一些回忆。"甚至有这样的传说,他的第一个孩子出世时,他向岳父岳母大人写信报告喜讯时,信上只写了一个式子:$2+1=3$。

高斯去世时,狄利克雷被聘为哥廷根大学教授,继承高斯的职位,完成老师未竟的数学事业。

高斯在数学、天文、物理等领域创造了一个又一个奇迹。"创造"一词在高斯的人生词典里,是一幅深邃的意境:不仅仅是一丛芳草在春天的阳光下微笑,又不完全像火山喷发那样短促而绚烂壮观。高斯的创造是顽强不息、拼搏进取的象征和表现,是科学艺术创造和精神升华的完美图画。因此,人们常用高斯创造的精神,他的话语来要求自己,鞭策和规范自己。人们把名人高斯的讲话或著作里的一些语句作为名言警句。有位哲人曾说:"警句如蜂,形体短小,而又有蜜有刺。"因此,好的警句能使人奋进,或者做一面"镜子"。

但是,"名人的话"并不都是名言,数学权威高斯的话也并非词词名言,句句真理,有时他的个别断言还引来异议。

例如,有一次,高斯在文章中写道:"科学规律只存在于数学之中,而化学则不属于精密科学之列。"这句断言引起了生卒先后只与他相差一年的意大利化学家阿伏伽德罗(A. Avogadro,1776—1856)的注意。阿伏伽德罗在化学上的主要贡献是:1811年发表了以他名字命名的"阿伏伽德罗假说"(后来也称为"阿伏伽德罗定律"),并指出分子概念及原子、分子的区别等重要化学问题。由于他的论点不易理解,以致这假说在当时并没有得到大家的赞同,但在他去世以后,经意大利化学家坎尼扎罗(S. Cannizzaro,1826—1910)用实验加以论证,直到半个世纪以后的1860年才获得公认。可见一门新学说的被承认,囿于认知水平,很多时候是创造者在世时所看不到的。因此,阿伏伽德罗是一位有名气的化学家。当他看到高斯涉及化学的这句断言时,提出了异议,他认为,"数学确实是一切自然科学之王,但如果没有其他自然科学,数学就失去了自己的真正价值"。

当高斯看到化学家的不同看法时,有点沉不住气。于是他针锋相对地反驳说:"对数学来说,化学充其量只能起一个女仆的作用。"

有一天,这两位科学家相遇了,他们还没有共识的争论又开始了。阿伏伽德罗一直认为受到了高斯之辱,为了回敬高斯那句断言,他很礼貌地请高斯先生到实验室。化学家在高斯面前做了一个实验,他用2体积的氢气放在1体积的氧气中燃烧,结果获得2体积的水蒸气。这时化学家得意地喊道:"高斯先生,请看吧!只要化学愿意,它能使 $2+1=2$,而您的数学能做到这一点吗?"

聪明的高斯明白了,他的断言是不全面的,他向化学家表明了这一点。理解是通向心灵的阶梯,两位科学家的争论被冰释了,达成了共识:"数学是一切自然科学之王,是工具,是基础;化学也是精密科学之一,两者不存在主仆关系。"两位科学家心灵的沟通,无法用语言形容,无法用画笔描绘,无法用美玉雕塑,无法用摄影再现,只有他俩能用心灵去感受和体会。

数学家高斯生活的时期是数学发展的最好历史

时期,在他前后的世纪,是世界近代数学创造、发现最多的世纪。欧洲从文艺复兴(15—17世纪)以后,政治、经济与科学从黑暗走向光明,从落后发展到昌盛,成为世界上后来居上的科学圣地。人们一致认为:17世纪是天才的世纪、开创的世纪,诞生了解析几何与微积分,使数学从中国、希腊、埃及和印度四个文明古国开创的初等(常量)数学转折到了高等(变量)数学,因此,17世纪的世界数学中心转到了英国;18世纪是发明的世纪,诞生了许多近代数学分支,世界数学中心从英国转到法国;19世纪是几何复兴世纪,出现了代数抽象化、几何非欧化和数学分析精确化,世界数学中心在法国与德国;20世纪是数学的又一个黄金时代,世界数学中心在美国等。

"江山代有人才出,各领风骚数百年。"从高斯开始,在他的带领下,黎曼、雅可比、狄利克雷等在数学研究上做出了开拓性、创造性的成就,使德国数学水平逐渐赶上了当时世界第一流的英国、法国,跃居世界前列。后来又经过克莱因(C. F. Klein,1849—1925)、希尔伯特(D. Hilbert,1862—1943)等人的继续拼搏,到了20世纪初,世界数学中心终于从英、法转移到了德国。高斯在这一转移中奠定了基础,为德国后来成为数学强国立了大功。

19世纪初,世界数坛发生了一桩涉及高斯的数学历史大事件。

原来,比高斯小25岁的挪威数学家阿贝尔(N. H. Abel,1802—1829)是当时世界数学史上刚刚升起的一颗光芒耀眼的灿烂新星,划破长空,一闪而过,瞬间就无影无踪。

阿贝尔是近世代数的奠基人,他出生时因兄弟姊妹多,家境贫困,13岁进入中学时,是一个瘦瘦的、面带病容的中学生。他的数学老师的数学水平很低,引不起阿贝尔的学习兴趣。15岁那年换了新的数学老师洪保(B. M. Holmboe,1795—1850),这位新老师教学有方,引起了阿贝尔学习数学的兴趣。新老师从图书馆借书卡上发现了阿贝尔的数学天才,便在同事和校长面前夸耀阿贝尔"将成为世界最伟大的数学家"。阿贝尔16岁把老前辈欧拉关于二项式定理的证明,从有理指数的情况推广到一般的情况,在数学上崭露头角。高中毕业以后,因家庭困难无钱上大学,在洪保老师举荐下,大学几位教授慷慨解囊,用自己的薪金支持他进入了大学。

阿贝尔在大学求学期间,发表了两篇数学论文,接着考虑一个300多年来数学家试图解决而未能解决的用根式求解五次和五次以上方程的问题。在阿贝尔以前,人们很早就解一、二、三、四次方程,并且发现了二、三次方程的求根公式。但五次和五次以上的高次方程有没有类似的求根公式呢?300多年来,许多数学家试图寻求公式的努力都失败了。这个历史遗留的"向人类智慧挑战"的难题,引起了阿贝尔的兴趣。他看到意大利数学家鲁菲尼(P. Ruffini,1765—1822)1813年的证明失败了。不久,阿贝尔经过潜心研究,于1824年向全世界数学大师们宣布:这种公式是不存在的。并写出了题为《论代数方程,证明一般五次方程的不可解性》的论文(后世称为"阿贝尔定理"以示纪念),这篇论文虽然还不完美,即没有解决在什么条件下五次代数方程可解,在什么条件下不可解的问题。六年后被法国数学家伽罗瓦(E. Galois,1811—1832)彻底解决了,但是论文的价值极其重要,因为他创立了近世代数,为近代数学提供了新奇的武器,使数学皇冠发出熠熠光彩,使走向深渊或死胡同的人悬崖勒马,停止研究这个壳体的无效劳动。

阿贝尔解决了历史留下的难题以后,十分高兴,他决定自费出版这篇论文,限于经济条件,这篇论文的小册子被压缩到 6 页。这样一来更增加了论文难懂的程度。1824 年出版以后,阿贝尔把它寄给了包括高斯在内的许多大数学家,可是石沉大海,一直没有得到任何一位数学大师的回应。这时阿贝尔大学毕业了,他独自一人到德国、法国找工作。在德国他遇到了第二个伯乐———一位工程师克列尔(A. L. Crelle),克列尔专为他办了一个数学杂志《克列尔杂志》,第一卷刊登的都是阿贝尔的论文,共 7 篇。可是,关于"阿贝尔定理""椭圆函数""阿贝尔大定理"等名篇佳作的创造性的成果发表以后,仍没有引起数学家们的注意。随后阿贝尔去了法国,向巴黎科学院递交了关于椭圆函数的论文,但是法国科学院没有表态,并且几次丢失他的论文抄搞。他在法国递交的论文没有结果,也没有找到工作,身体又一直有病,经济拮据,迫于贫病交加,只好返回故乡挪威。由于旅途劳累,心情失望,病魔死死缠住不放,只活了 26 岁的阿贝尔在家乡结束了他年轻的生命。"鲲鹏展翅惜早逝,千古文章未竟才。"死后第三天,克列尔先生寄来一封信,信中是柏林大学的聘书,聘请他为数学教授。迟到的聘书虽然作废了,但阿贝尔的数学成就却开始被数学大师所重视、承认,如法国数学家赫米特(Hermite,1822—1901)评价阿贝尔说,他产生的"丰富思想可以使数学家们忙碌五百年"。还有数学家评价说:"他第一个证明了求一般五次方程的代数解是不可能的,这是几个世纪以来数学家试图解决的问题。"直到当代,为了纪念阿贝尔的成就,他的祖国挪威在首都奥斯陆皇家公园,巍然耸立着一座纪念碑,碑座上雕塑着一个裸体的青年力士,双脚踏着两个被打倒的雕像。关于两脚下的雕像,还出现过许多美丽的故事传说呢,在此不记述了。

1824 年,高斯收到了阿贝尔寄来的小册子,有文献介绍说,当时高斯看到以后叫道:"又是一个怪物!"随即他把小册子一扔,接着又说:"太可怕了,竟然写出了这样的东西来!"高斯是不是如此对待阿贝尔的论文,没有更多资料证明。但从高斯当时情况来看,可以知晓这件事的大体情况。

1822年,高斯正在从事大地测量学的研究,并发表了论文,接着研究曲面论,于1827年出版了《关于曲面的一般研究》一书。因此,高斯这一时期在集中研究测量学与微分几何领域问题,没有研究代数领域里的问题。阿贝尔定理属于近代代数问题,尽管高斯于1799年曾研究并证明了代数方程的根的存在性问题,即《代数基本定理》,并且一生给出了四种不同的证法。在数学历史上,解决了方程根的存在问题与五次以上高次方程有没有求根公式是两个性质截然不同的难题。高斯是否像许多数学家那样寻找过"求根公式",这方面没有留下文献记载。所以,当高斯收到过于简略、又很难懂的阿贝尔小册子时,正在潜心忙于几何领域的研究,专业内容不太熟悉,自己的研究任务多且忙的情况下,没有时间去审读、研究阿贝尔的论文小册子,没有答复自然是顺理成章的事。当时审查学术论文的工作,一般是由各国皇家科学院的专家去做。科学院的审稿专家们也常因专业不太熟悉,对于刚诞生的新学科难以判断,有时甚至因认知水平因素,错误地否定一些有影响的学术论文。事实上,阿贝尔关于椭圆函数问题的论文当时递交给了巴黎科学院,先由大数学家柯西(A. L. Cauchy,1789—1857)负责审查,因论文中引进了许多新的概念,柯西不能马上做出评价,同时忙于一项研究,便把论文搁了起来;另一个审查论文的勒让德(A. M. Legendre,1752—1833)也把审查论文的事给忘了。直到阿贝尔死后,在雅可比的追查与抗议下,勒让德才找出来读了几遍,称赞道:"这个年轻的挪威人的智力是多么高啊!"并在给雅可比的回信中带着内疚的心情写道:"我很满意地看到两位年轻数学家(另一位是伽罗瓦)如此成功地开辟了数学分析的一个分支。"

后世学者认为:高斯在对待阿贝尔论文问题上,没有引起重视是很令人遗憾的,但绝不是高斯有意埋没人才,或者不愿帮助青年人。

作为出名的科学家,人们视为权威,期望他是新学说的支持者或监护神。尤其是初出茅庐的青少年们,如果自己在攀登科学高峰时有了新发现的成果(正确或不正确的),都希冀得到这些权威、名人的意见。例如,当时建立、发展和应用群论的奠基人、法国年轻的数学家伽罗瓦在与情敌决斗前夕写了一封信给朋友,要求将他所创造的抽象代数论文手稿寄给高斯等名人,他在信中写道:"我在数学分析方面做出的一些新发现,有些是关于方程论的,有些是整函数……你可以公开请求雅可比或者高斯,不是对这些定理的正确性而是对它的重要性发表意见。"伽罗瓦生前的要求看来不高,但是他的正确理论,经过当时许多数学名人、权威看过以后都被冷落或拒绝。直到他死后半个世纪,于1870年才被首次承认,这导致现代数学的发展迟缓好几十年。所以说,名人们在很多时候无法满足求助者的期望。名人不是万能的,高斯也不例外。

高斯是一位食人间烟火的凡人,不是神,只是地球上最勤奋者之一。他也不是完人,他的某些言论不是尽善尽美的,如对化学的断言;他的认识也不是绝对正确、全面,如明哲保身地对待非欧几何;他的论文也有纰漏,如对《代数基本定理》的首次证明。但是,高斯这个伟人身上虽有瑕点,但绝不损害他的高大形象和光辉事迹,他的思想、成就依旧与日月同辉,流芳千古。

第十六章　叫她等一下

一个初秋的晚上,一群少年儿童来到天文台,请老教授、台长高斯,给他们讲讲读书方法。老教授请他们在庭院花园里坐下。高斯爷爷首先讲了读书的重要性。他说,书不会教人如何去吃饭,如何去做具体工作,但它能拓展人的视野,丰富人的想象力,锻炼人的判断力,从而提高人的审美能力,照亮人的精神世界,使我们这个世界更文明,生活更美好。因此,一定要多读书,读好书,一句话,读书破万卷,下笔如有神。接着高斯说,读书学习要讲究方法,高斯说:法国数学家笛卡儿早在 1637 年就认识到了方法的重要性,专门写了一篇叫作《方法论》的论文。因此,研究、学习都要有好的方法,才能迅速达到目的。接着高斯指着天空对孩子们说:"天上星星很多,如果学会看星象图的方法,就能很快了解星星的位置和它们的相互关系。这好比读书学习一样,掌握了学习方法,就能很快掌握知识的内在联系。太阳、月亮、星星在天空都按一定规律运行,科学知识也有一定的规律,就看你能不能发现它们……"

高斯从天上到地下,从生活到技术,列举了很多实例,说明学习主要是发现知识的规律,找出内在联系,把已知与未知用一座金桥连结起来。

"高斯教授,您小时候是怎样学习的?"

"高斯爷爷,您的学习方法是怎样的?"

高斯说:"我过去的学习方法是四个字:读、思、算、结。"接着高斯详细地讲了每个字的意思,"读,就是阅读书籍,主要读课本和有关的参考书。学会读书,并不简单。"

"简单得很,我会读书。"一个男孩抢着说。

"你会读?怎样读?这并不简单呀,里面的学问可多呢?"高斯不同意地说。同伴们都一起望着这个男孩,男孩伸了伸舌头,做了一个鬼脸。

高斯说:"自然科学书籍,不像文学作品的故事那样吸引人,这就要求我们读书时更要专心一意,思想要跟着书的逻辑思维,努力掌握概念的本质属性,推理的思想方法,真正弄清每个知识的字义、词义、句义。通过粗读、熟读和精读,逐步到粗略通、精细通和融会贯通。"

"思,就是思考,思考是求知的钥匙,掌握它,就掌握了开启探索求知大门的方法。"高斯接着讲道,"俯而读,仰而思。就是读书与思考关系的形象简语。"高斯举例说,例如,晴朗的夜晚,仰望天穹,银河高悬,斜贯长空,繁星点点,美丽多姿。这时,我们就要思考,想一想我们这时看到的那闪烁的星光(除太阳系行星外)是何时发出来的。提出了这个问题,就要思考、查资料解决。"

"算,就是计算或实验,就是要动手。"高斯又举例说,例如上面的例子,通过资料得知光速、观测者与星星的距离,然后,根据"时间=路程÷光速"公式便可计算出我们看到的星星之光是数年,乃至数千年之前所发出的光。同时也可求出两星间的距离,比如"牛郎"与"织女"两星之间仅一条银河之隔,可是通过计算可以大体算出两星的距离是16光年。再根据光年概念,便可以想象出它们相距是很遥远的,假若牛郎给织女拍电报,也要16年以后才能收到,若是坐火车去,怕是要坐几百万年哪!

"哇!这么远呢!"孩子们异口同声地惊叹着。

高斯接着说:"结,就是自己总结。把问题提纲挈领地归结为几点,便于记忆与应用。"

最后,高斯教授还举了一些生动有趣的例子,打了许多比方,说明学习既要动脑又要动手的意义。孩子们听得入神……

庭院里除了高斯老人的声音和远处蟋蟀的叫声外,再也听不到别的声音了。

夜渐渐深了,孩子们依依不舍地告别而去。

高斯老人回到家里,妻子已经入睡了。她病了很久了。高斯没有睡意,坐在窗下,看冷月清辉。他凝视着天空高悬的银盘,过往之事,历历在目。

还在高斯年轻的时候,有人说:"科学家忙于科学事业,没有爱情。""其实这话是错误的!人有七情六欲,科学家也是人,并非草木呀!科学家爱自己的科学事业,也很爱自己的生活伴侣。"高斯竟批评起几十年前听到的话来了。

天空中一片浮动的白云轻轻地来到月亮身边,温柔地拭着月亮的脸,月亮笑了,扑到白云怀中……

"我年轻时,连一朵云也不及啊!"在高斯的心中,妻子就是那圣洁的月亮。

高斯在追逐科学发现上是一个巨人,但在追求伴侣上却是一个矮子。一方面因他专心致志于自己的事业,被科学迷宫迷住了,另一方面是没有时间和机会。再说,他比较腼腆,容易害羞,不善于交际。有一个朋友曾说:"他有勇气发表他心爱的论文,却没有勇气在他所爱的女孩面前表达爱意。"他的母亲也曾为他的婚姻大事着急。一次,她把高斯叫到跟前,十分关心地说:"你年龄不小了,都23岁了,可以结婚了吧?"高斯微笑着说:"妈妈,还早,事业重要呀!再说,你们不也是三十多岁才结婚吗?""那是因为太穷呀!……"妈妈耸耸肩膀,无可奈何地嘟哝着走开了。

其实,爱情已经撞开了高斯的心扉,爱情的种子已深深地埋进了他的心田。他那广博的学识与内在的美,有力地吸引着女友的心,激起了热烈的爱。他刻苦上进、忠厚老实、生活简朴、谦虚勤奋等优良品质,已深深地渗进女友心中。不过高斯谈恋爱也和他搞科研一样严谨,他说为了真诚,要长久地互相了解。他曾经花了两年的时间写信给女朋友,就像写论文一样"要深思熟虑"。

酝酿多年的爱情"论文"终于发表了。他十分珍惜这真诚、纯洁的爱情,但他不可能用很多时间陪伴在妻子身边,毕竟爱情只是人生长卷中的一部分。

有一次妻子病重的时候,他正在集中精力地研究一个很深奥的问题。仆人急急忙忙地跑来告诉他,夫人的病愈来愈重了。研究入迷的高斯口头上答"知道了",却又好像没有听到。过了一阵,仆人又跑来说:"教授,夫人病情恶化了,请立刻去看看。"高斯一边继续思考着问题一边回答说:"我就来!"却仍旧坐在那里不动。仆人第三次急急忙忙地跑来告诉高斯说:"教授,夫人快死了。如果您不马上过去,就可能看不到她生前的最后一面了!"高斯此时才像触电似的,猛然从沉思中惊醒,抬头望着仆人的背影,大喊:"叫她等一下,等到我过去。"高斯火速奔向妻子病床前,医生正在抢救。不多时,妻子睁开了眼睛。

"高斯,我们的孩子,您要好生抚养成人。我,恐怕不行了……"妻子声音微弱。

"你不要胡思乱想,亲爱的。病,一定能治好的。"高斯安慰着心爱的妻子。

"夫人,不要着急,一定能治好。"医生也安慰她说。

"您,您要多保重身体,我不能照顾您了……"妻子激动而伤感地说。

"请不要多说话了,好生养病,会好的。"高斯劝慰妻子。

渐渐地,在医生的治疗和高斯的精心护理下,妻子的病有所好转。

高斯的学习和研究,妻子也付出了一定心血,不论是去世的第一任妻子,还是续弦的第二任妻子。她们都与高斯共分忧愁,共享欢乐。高斯的一切贡献中也包含了前后两位妻子的一份功劳。

高斯坐在窗前,仰望着夜空,回首往事,思绪绵绵。"她是月亮……"他正想到这里,却有一堆乌云粗暴地闯来,遮盖了月亮,使大地和天空顿时暗了下来。他不禁想到妻子的病。正在这时,妻子的房里突然传出一阵痛苦的呻吟。高斯迅速起身跑到妻子床前。看到妻子十分痛苦,他的心都碎了,他立刻叫人请来医生。但是,这一次妻子已经走到了人生的尽头,医生也无能为力了。后来,第二任妻子也离开人间,留下高斯与孩子。全家处在一片悲痛之中。

第十七章　　生命的笛音

　　高斯两次结婚,两位夫人都比他早离开人世,留下6个子女(4男2女,其中一个男婴早亡)。

　　高斯的婚姻之路崎岖而坎坷。

　　1805年,在布伦瑞克任天文台台长时,时年28岁的高斯与有情人终成眷属。他的第一位夫人名叫约翰娜·奥斯多夫(Johanna Osthoff),是制革商的独生女儿。

　　他俩结为伉俪以后,高斯感到爱妻如徐徐的春风,带来一份柔柔的爱,给高斯母亲拂去了一片阴霾,带来明媚的阳光,带来和睦、温馨、美满的生活。约翰娜生了二子一女。天文学家高斯出于职业原因,为孩子起了十分有意思的名字,分别以三个小行星发现者的名字来命名,如第一个儿子起名约瑟夫(Joseph)。当第一个孩子降生时,全家人都有一种醉人的甜蜜，虽然家无华宅，无美味佳肴、绫罗绸缎，但他们拥有一个和睦的家庭。两年后第二个孩子出生，是一个女儿，也乐坏了高斯一家，全家又一次处在亲情和爱心的抚慰之下。这个家变成了一个宁静温馨的港湾，高斯无论在外面工作多么疲惫，回到家里，亲人的理解，儿女的欢声笑语，立刻使他的疲惫得到缓解。

高斯被调到哥廷根天文台工作不到两年，灾难降临。在他婚后5年的1809年10月，爱妻在生第三个孩子时难产，不幸去世了，时隔不到半年，新生儿子也夭折而去。高斯痛不欲生，受到了极大的打击。

高斯一家乌云笼罩，谁都无法回避这个不幸的现实。于是，高斯便用全身心投入科研的方法争取忘掉这个悲痛。他把自己置身于天体宇宙星际之间，从中得到慰藉，使心胸就像天宇一般开阔，使封闭的痛苦心扉敞开。渐渐地，愉快的火花终于擦着了，高斯以独有的克制精神和毅力，从沮丧中恢复过来。

高斯筹备哥廷根天文台的工作十分繁忙，为了正常的生活和工作需要，也为了让不满4岁的儿子和刚2岁的女儿得到照顾和母爱，在朋友的帮助下，高斯于1810年8月跟哥廷根大学法学教授的小女儿米纳·沃尔德克(Minna Waldeck)成婚。第二次婚姻也得到二子一女。两个儿子分别叫欧根纳(Eugene)和威廉(Wilhelm),小女儿叫特雷泽(Therese)。

在这一非常时期的特殊家庭,米纳对所有儿女一视同仁,承担了5个孩子的教养和家务。"教养,是一种文明礼貌行为,这种行为由教育而养成。"贤惠的米纳经常这样提醒自己。她孝敬婆婆,把一个家料理得井然有序,高斯又过上了有规律的正常生活。这个特殊家庭再次充满了阳光、春风和欢声笑语。高斯在这期间,完成并发表了他的理论天文学方面的著名《天体沿圆锥曲线的绕日运动理论》,阐述他预测天体轨道的方法,并首次发表他的最小二乘法,提出了现代成为"高斯分布"的著名统计规律。

人生是首歌,歌中有童年的天真,少年的纯朴,青年的热忱,中年的成就,老年的恬静,汇成一曲交响乐章;人生没有休止符,但也不全是一个音调,时有起伏,蕴涵着苦乐交融。在高斯全力投入地磁学研究的时期,他的家庭生活和人事关系屡屡出现麻烦。米纳因操持家务的劳累而身体健康受损,特别是米纳在生育小女儿特雷泽后身体更加虚弱,经常卧床不起。儿子欧根纳,在读大学的专业选择上与父亲意见相悖,出现了父子不和。平时慈祥、亲切、豁达、开朗、刚毅、坚强、能干的母亲,现在面对自身的疾病与父子矛盾,也一筹莫展,病魔缠身多年,最终医治无效,于1831年便病故了。她与高斯共同生活了21年,又一次使高斯和孩子的心灵受到巨大创伤,出现了高斯"叫她等一下"的情况。

这时,高斯的孩子们都长大了,尤其是小女儿特雷泽特别聪明伶俐,在她母亲去世以后,父亲表示不再续弦,她接过母亲的班,担负起了操持全家的重担。她孝敬并服侍老人,到了结婚年龄也不出嫁,表示一生陪伴父亲。父亲多次催促她恋爱结婚,可她总不肯:"爸爸第一次结婚时28岁,我也要晚婚,再说,爱情这杯浓酒,不经三番五次的提炼,就不会可口!"小女儿的话,勾起了高斯对两位已逝妻子的怀念,他对小女儿说:"是啊,爱情毕竟只是人生长卷中的一部分。"

"爸爸!这话我听过多遍,也早背熟了,我不仅铭刻在心,而且海枯石烂,永不忘记。"

"是吗？我女儿真用心。"高斯说后,又接着说,"女儿,再记住:人生不是一支短短的蜡烛,而是一支由我们暂时拿着的火炬,我们一定要把它燃烧得十分光明灿烂,然后交给下一代人。"

"爸爸,我记住了。你平时还教导我们:事业也罢,爱情也罢,生活也罢,大可不必去追求轰轰烈烈,不必去争取跌宕起伏,不必去努力做得光芒四射,因为这样可能会摔得很惨。"女儿接着说。

"女儿记性真好。是的,我们应该平淡如水,稳稳当当。习惯平凡,习惯世人的快乐。"高斯接着说。

小女儿陪伴侍奉父亲高斯,成为他晚年最大的安慰。1855年高斯逝世后,小女儿才出嫁。

高斯前妻生的大儿子约瑟夫和大女儿,也都是高斯喜欢的孩子,从不让父亲操心或生气。大儿子结婚后,另住在外,小两口过着和和美美、自食其力的生活,大女儿嫁给一位东方学专家埃瓦尔德(G. H. A. von. Ewald),也过着幸福美满的生活。但第二任妻子生的孩子,欧根纳和威廉,却与父亲之间产生了不小的矛盾。

先说说欧根纳。欧根纳虽不是神童,但却像父亲一样,学习成绩优秀,在读中学时与他父亲的兴趣爱好一样,钟情于语言学和数学。对这两门学科的兴趣与才能,显示出他的智慧光芒。中学毕业后,读大学选择专业时,儿子想读自然科学方面的学科,继承父志,将来做一位科学家,但却遭到了父亲的强烈反对。父亲要他选择法律专业,将来当一名律师。儿子坚决不愿读文科。这时候,平时不感情用事,又善于控制自己情绪的高斯,在这个问题上像受伤的雄狮,暴跳如雷,坚持要儿子去读法律。这一时期,高斯出现反常的性格,就其原因来说,一方面,是他的第二任夫人米纳长期患病,遭受病痛的折磨,给高斯造成了很大的心理压力,使其无法控制自己的情绪;另一方面,在学术上高斯与洪堡出现感情上的疏远,使高斯不快。

当时米纳卧床不起,父子间的争吵无疑使她的病情雪上加霜,她无力去缓解父子矛盾,更何况自身难保。她劝说过几次,但情况没有好转,只好把气吞进肚里,酿成后来早逝的苦果。

后来,儿子欧根纳终因拗不过父亲的威严,不得不去读法律,当然也为了不让母亲伤心。这件事与高斯年轻时主张自己选择职业相悖。儿子对于父亲这样一个掣肘的决定,只有行动上服从,但没有从心灵上妥协,他虽然依父命读大学法律,却心不甘情不愿。这些矛盾在他心中激荡,使他收住了奔驰的思想,变得寡言少语,充满悲愤,感到失望。矛盾的心情,痛苦地绞缢着他,令他失魂落魄,好像人生失去了光明。

有一天,欧根纳对同班的一个要好同学说:"我在这儿,思绪纷繁,心乱如麻,苦恼极了。真不想读这个遵从父亲意愿而选定的专业。"

苦恼是浩大的,无边无际的,要是欧根纳心胸开阔,苦恼滚滚地流出来,那苦恼就不会淹没他整个的心。可是,人们来去匆匆,没有理会他的苦恼,小妹妹特雷泽虽好,也只是站在父亲一边安慰他;弟弟威廉热衷于策划他到乡下去务农的事情,顾及不到哥哥的心病;母亲又久病不起,他不能在母亲面前讲出自己的苦恼,甚至不能流露出一点对父亲不满的情绪,还要尽力表现出喜欢法律专业的样子;父亲慈祥,却固执保守,虽是好心替他选好专业,却违背儿子的志趣。他认为只要知道儿子坐在大学法律班读书,一切问题就都解决了,加上为新开拓的物理学研究而埋头工作、撰写论文,高斯也没有时间与儿子谈心,让儿子的苦恼"滚滚地流出来"。

欧根纳失望了,学好科学知识的精神防线崩溃了,似乎自己被遗弃了。他在大学里开始放纵自己,从喝酒到酗酒。他还去赌博,渐渐地荒废学业,迷上赌博。他尝试各种赌博,如玩纸牌、掷骰子、打弹子、押注,没有一样不擅长。开初小输小赢不起眼,后来发展到大注赌博。父亲现在有的是钱,随便找个借口,"老爸的钱是很容易骗到的"。

有一天,像往常一样,他把装在口袋里的一笔钱输掉了。于是借钱又赌,又输光。输了不服气,又向人借了一大笔钱去赌,霉运始终伴随着他,他押每一张牌都输,他把剩下的所有钱都拿出来,孤注一掷,又输了。当他离开赌桌时,才清醒过来:他欠了一大堆的赌债。

大学老师告诉高斯后,高斯极其气愤和失望。

欧根纳自觉他的过失无法得到家庭、学校的原谅了,顿时,怨从心中起,气向胆边生,1830年他不辞而别,离家出走,远渡重洋,移居美国,永远地离开了他的祖国、父母和兄弟姐妹们。

病重中的母亲米纳,听到这个消息,不堪这铁拳般的重击,次年便长辞于世。

高斯的另一个儿子威廉,从小喜欢农学,长大后想从事农业。在数学王子、科学权威高斯眼里,务农是一种没有前途的职业,也反对儿子的选择。但是当时的德国,社会动荡,战争连年,政权更迭,致使德国生产经济发展缓慢,失业大军充满城乡,人民生活艰难。高斯面对现实,决定让步。

一天,高斯征求小女儿的意见:"看来,你哥哥务农决心已定,我不能再把我的意志强加于他了。他已经成人,并有妻室,我应该尊重他的选择。我打算同意他务农,女儿,你的意见呢?"

"爸爸,我们长大了,您应尊重我们的选择,请爸爸不要过多干预,我们年轻人应该有自己的生活、主见和事业的抉择权,爸爸,您就省掉这份操心,相信您的儿女们吧!"

1832年,威廉征得父亲的同意,携妻去了北美。

从此以后,高斯与在美国的两个儿子再未谋面。他们独立生活了,来信说不仅能自食其力,而且还很幸福,望父亲、兄妹放心。

高斯家庭出现的麻烦,至此结束。

家庭风波告一段落,政治风云却又扑面而来,真是一波刚平,一波又起。

1830年,受法国资产阶级革命的影响,汉诺威公国曾于1831年通过了一部较为民主和自由的宪法,汉诺威人民可以呼吸更多的自由空气。可是,好景不长,汉诺威新君主上台,他认为法国式的自由和民主不全适合汉诺威,位于汉诺威西部的法国革命风浪吹来,便会吞噬本国广袤的城乡,在奇光异彩的自由民主不尽的吸引下,汉诺威人民一直低迷的私念,将会觉醒。于是,他准备修改这部宪法。

1837年11月,新君主国王奥古斯特(E. August)正式宣布取消这部宪法,并且要求公职人员(包括大学教授)对他本人宣誓效忠。

宣誓效忠国王的举措,最早在法国风靡一时。这是一道约束臣民的精神枷锁,是用发誓诅咒的形式企图征服人的心灵的可笑手段。可是,精神枷锁锁不住人心,这种不信任并带有侮辱意味的政策一出台,便遭到公职人员和知识分子的反对,有的拒绝参加宣誓效忠仪式；少数人挺身而出，公开站出来反对，不接受宣誓效忠。他们承受着被解职、被驱逐流亡国外的压力。在过去的法国已有这类勇敢者，他们受到了国王严厉的处罚，被迫携妻子儿女离开他们心爱的祖国。

哥廷根大学有7位教授奋起抗议，拒绝和反对宣誓效忠，其中有高斯最亲密的合作者韦伯，以及高斯的大女婿、著名的东方学专家埃瓦尔德。他们发表演讲，抨击效忠就是不信任公职人员，尤其是不信赖知识分子。一个有作为的国王，并不需要人们宣誓效忠的许诺，人民会发自肺腑地忠于他和祖国。7位教授还指出：宣誓效忠的做法是专制和暴君无力统治的表现，是强加于人的一种精神鸦片，企图麻痹被奴役的人。他们坚决要求取消宣誓效忠。

在这个时候，7位教授多么希望能得到德高望重的科学权威高斯的支持啊！希望以他崇高的威望声援他们，并说服新国王。可是，此时的高斯却保持着沉默，没有对政府的行动表示异议。

其实，高斯不赞成政治上的任何激进行为，而倾向于维持新王室的统治。后来，新国王采取了严厉措施,奋起抗议的7位教授全部被解除大学教授的职务,其中韦伯等3名骨干教授还被逐出境外。

小女儿特雷泽十分关心姐夫等7位教授的命运,要求爸爸挺身而出,旗帜鲜明地支持他们的正义行动,并问高斯:"爸爸,7位教授抗议宣誓效忠是一种革命行动,您为什么不支持他们,站出来向政府谏言呢?这7个人中,韦伯叔叔与您是相交至深的科学家挚友,亲如兄弟。姐夫是您的亲人呀……"

高斯打断女儿的话说:"我的女儿!你不理解爸爸,我也是为你们着想。你看,你的奶奶已经95岁高龄了,我本人也年过花甲。我不可能改变新国王为维护自己的统治而做的决定。万一……"

"您能不能改变是一回事,但表明您的态度,向新国王表达您的看法又是另一回事,后者十分重要呀,我的爸爸。"

"我现在需要安静的环境,保持我一贯的科研生活习惯方式,我无力劝说新国王。我,老了,科研的生命之灯也快要熄灭了。"

事实上,高斯像英国数学家、物理学家牛顿(I. Newton,1642—1727)一样,有一种病态的怕人反对的心理,这种心理统治着这两位科学家一生。他们在学术上功德崇高,情操照人,炉火纯青,造诣精深,是世人的师表。但在政治上的保守,担心别人反对,是一个不足。其实,高斯政治上的保守不是偶然的,前面我们已经知道高斯政治的两面性、明哲保身的根源,这是他一贯的处世哲学,如对待非欧几何也好,对待革命行动也好(1848年德国爆发革命时,高斯也是站在保守的保皇分子一边的),他总怕人反对,不敢挺身而出,即使在大是大非的原则面前。这种性格虽然可以保证高斯天文台台长、教授等终身职务和既得利益,但在当时或后世的人眼里,作为一个人,聆誉而乐是人之常情,闻过则喜也应成为做人的原则。当然,我们应从历史角度、环境去看问题,高斯智慧超群,学识渊博,满腹经纶,成就显赫,他的目光不断地追逐五彩缤纷的外部世界和科学领域,他喜欢从不断变动的客观事物中丰富自己,完善自己。他的保守是一个瑕疵,但瑕不掩瑜,科学伟人也不是十全十美的完人。

自从高斯那位忠实、卓有成效的合作者韦伯被驱逐,离开哥廷根以后,高斯一生中最成功的合作研究中断了,这给他后期的物理研究带来了无法弥补的损失,也是世界科学界的一个损失。

人生是条河,这条河曲曲折折,时急时缓,但总朝着一个方向,奔流不息,而且越流越宽,最后消失在茫茫的大海之中。

高斯的人生河流已奔腾60多个春秋了,在1840年以后,他几乎完全退出测地学、物理学的创新研究,数学上也只解决一些小问题,回归到了他的天文观测老"本行"。有时,计算汉诺威测地工作中遗留的小问题,此外,对老的研究课题、发表过的评论或报告作些修饰,解决一些小的非开拓性的问题。

高斯科研上的这种"退居"行为,早在他50岁时的1826年给奥尔伯斯的信"自我感到创造力开始下降"中已开始流露出来,后来,又对物理学进行了10年左右创造性的研究。毕竟人的生理、精力有限,过去曾有过美好的青春年华和黄金时代,随着岁月流逝,学问老了,精力差了,虽然拥有金秋的丰盈,却开始力不从心了。

高斯退出创造性研究的事实,人们也从当时出版的书刊中,看到蛛丝马迹。如他对1848年库默尔

(E. E. Kummer)新创立的理想论没有强烈的反应；1846年对海王星的发现也很漠然；甚至数学家雅可比(C. G. J. Jacobi,1804—1851)参加纪念高斯获得博士学位50周年大会上,主动与高斯交谈数学问题时,他总是把话题岔开而谈些平淡的事。创造性的科学研究淡漠了,晚年的高斯却热衷于一些非科研的事情。

例如,晚年的高斯担任哥廷根大学教授委员会负责人,工作很投入,对学校事务有了较多的关心,他不惜花了几年的时间将哥廷根大学丧偶者基金会的财务预算建立于可靠的统计规律之上;晚年对教学工作的兴趣也比以前浓厚了,过去他不愿讲课,一般只讲天文学方面的课程,并且只在被评为教授的第一年讲述他的最小二乘法及其在科学中的应用。

一次,高斯和小女儿一起聊天,女儿问:"爸爸,您年逾古稀,白发盈把,心脏又不好,为什么现在喜欢上您过去不喜欢的教学工作了呢?"

"科学发展需要千百万个青年来继续奋斗、接班,因此,培养接班人,培养超过自己的人才,应该是我义不容辞的职责。"

"为什么过去不愿讲课?"

"过去的大学生学习风气不太好,认为读书无用,不好好学习;再说当时我年轻,想搏击科学各个领域,没有精力从事教学。现在老了,再不做这件事,以后就无法补救了。如果你有许多学问,但没有学生向你学,你又不主动培养青年人超过自己,那样的学问再多又有什么用呢?"晚年的高斯认识到培养接班人的重要性,决定将自己丰富的学识和经验,传授给青年一代。

人到老年,生理上、心理上都要发生变化、从生理学的意义讲,人至老年,身体器官衰老,生理功能减退,疾病增多,健康水平下降。据现代科学研究表明,40岁以后,人体器官功能每年降低1%,到年届半百,主要脏器至少丧失10%的功能,"本钱"少了,"靠山"不牢,无情岁月浮生梦,谁都感觉好沉重。再说,高斯的心脏病不允许他像中青年时那样雄姿伟魄地为圆梦而拼搏。任何人的一生都不绝对完美,有崇高也有卑微,有得到便有失去,重要的是在自己心灵深处拓出一块净土,一泓甜美的甘泉,吹好人生晚年的笛子,吹出字正腔圆的每一个音符,吹好晚年生活的每个音节……

高斯不是神,也是食人间烟火的凡人,也受大自然生命规律的制约。高斯晚年,他根据自己的健康状况,选择了活动量少,又比较喜欢的教学和各种统计工作,并且还亲自做天文观测。他仍是一位闲不住的科学家,如他每天从报纸、书本或日常生活中收集各种统计资料。在1848年德国革命期间,他站在保皇派一边,不管风吹浪打,始终不介入革命,好像什么也没有发生一样,依旧每天到学校守旧派成立的文学会(他是会员)附属的阅览室寻找各种数据。

据说,有一个有趣的故事。一天,他在阅览室如痴似醉地寻找数据时,突然看见"某个学生正在看的报纸是他所寻找的,高斯会一直瞪着他,直到对方递过这份报纸"。一次、两次、多次出现这种情况,大学生们私下戏称高斯为"阅览室之霸"。这说明高斯对事的投入、专注,"不到黄河心不死"。老有所学的人有此精神,定会老有所为,有所为才有所乐,有乐才能有健康,有健康才能长寿。高斯身患心脏病却能活到78岁(大大超过当时的人均年龄),也许与他这种"霸"劲有关。

据说,高斯这种"不到黄河心不死"的习惯,从小到老都没有改变。在他富裕起来以后,这种习惯对他参加炒股投资(包括在德国国内外发行的债券)大有裨益。高斯投资活动的经济效益十分可观,到了晚年,他身后留下的财产几乎等于其年薪的200倍,这是一笔不小的财产,相当于今称的"百万富翁"了。

高斯从小家贫,为了多赚钱养家糊口,摆脱贫困,实现小时候让父母过好日子的诺言,他拼命地去研究容易挣钱的应用科学。他有钱后又冒着风险去投资炒股,把"死"钱变成"活"钱,钱越赚越多了。高斯还善于理财,他勤俭节约,不挥霍浪费,更不大吃大喝或像儿子那样去赌博,他深信"历览前朝国与家,成由勤俭败由奢"这句闪耀着思想光辉的箴言,认为它是一个绝对真理。

高斯已经体验了世间百味,经历了无数荣誉与挫折,走过了不尽弯曲于坎坷。一天晚餐以后,女儿做完家务,仍旧陪着爸爸散步。这是一个春意盎然的季节。

小女儿挽着爸爸的手,走出房门,沿着风景如画的弯曲小路慢慢走去,这是他们散步的老路线。

触景生情,高斯在春光里,精神焕发,心中涌出了赞颂春天美丽动人的辞藻:"春天迈着轻盈而矫健的步伐走向人间,她浪迹天涯,撒播春的种子,传播春的讯息,唤醒酣睡冬蛰,踏破大川竖冰,引来紫燕的呢喃。"

"爸爸您看,山山水水展示着盎然的生机,在这春光里,大地当纸,春光作笔,把碧绿铺向原野,把艳丽渲染花朵,把湛蓝献给大海,把淡绿泼入池塘,把金色镀向矿山,把五光十色点缀哥廷根的千山万水,把理想希冀化作万朵鲜花盛开在这个著名的天文台的大观园。"女儿心有灵犀地学着父亲,散文般地赞美这美景。

"春日里我们百感交集,感慨万千。昔日踟蹰前行的脚步仿佛又在眼前浮现,但切莫让它成为前进的羁绊,思想的桎梏,要用春天的犁铧把它铲除。"高斯边说,不时同遇见的熟人打着招呼。

"往日我们家挫折、坎坷,应随着新春的希望而荡涤。感念着只有经历了严冬的肃杀,寒风的肆虐,才能感受到春天的可贵,才能用辛勤的双手去开拓洒满春光的大道。"女儿借用春天荡涤挫折,赞扬现在的生活如春天般温暖。

一老一少漫步着,一路话语、一阵春风,沁人心脾。高斯想到女儿为了侍奉自己而迟迟不嫁,借用春天说:"啊!春神,你将春的希望,播送给万物万灵,赋予人们活力。春天的美姿化身于柳条,春天的歌声托付给鸟语,春天的纤柔化作花香,春天的启示寄于竹笋,春天的赤诚聚于笔端。女儿,你就是春天,为了父亲,放弃幸福,支撑家务,我衷心地感谢你春天般的馈赠,让我沐浴在温馨的春风里,欣然迈进来年的王国,汹涌出一股生命磅礴的力量。"父亲深情地说。

"爸爸,您又来了,赡养父母,是儿女应尽的孝心。姐姐为人妻,为人母,她与约瑟夫哥哥一样,有他们的小家和事业,尽管经常来看望您,但他们不能代替我处理日常琐事。另外两个哥哥远在美国,只有鸿雁传信,纵有千言万语,也无生花之笔,书信虽有灵魂,但也仅仅是生命的安慰,不能取代我具体照顾父亲的工作。"

"女儿,委屈你了。"

"每个人生于世间,都只是一张白纸,而后漫漫岁月间,他所做的一切便是尽可能地为这张白纸增添尽可能多的色彩,一幕绚丽的彩画才是我们最圆满的结局。孝敬爸爸,已把我这张人生白纸涂抹上了鲜艳亮丽的色彩,我感到我的人生画卷已涂抹得色彩斑斓了。"

父女俩绕着哥廷根天文台的弯曲小路,转了一圈又一圈,父女俩的心情像春天灿烂,温暖融融。

高斯生命的最后几年,在小女儿的精心照料下,心静烦消,思维活动升华到纯净而和谐的境界。他仍保持学者风度,没有间断阅读和参加力所能及的学术活动。有人列出他生命最后几年的主要事件目录:

1850 年,心脏病加重,行动受到限制。

1851 年 7 月 1 日有日食,高斯亲自作了他最后一次天文观测。

1851 年 11 月,他指导黎曼完成了博士论文《复变函数的基础》。这篇论文中,黎曼将单值解析函数推广到多值解析函数,且引入"黎曼曲面"等重要概念,确立了复变函数的几何理论基础。这是一篇非常出色的论文。高斯在审阅时为之惊叹,并写出了极高的评语(见前"平行线的故事")。

1852年,解决一些小的数学问题,从事其他问题的改进工作。

1853年(有说是1854)为黎曼选定为获大学编外讲师资格而做论文的答辩题目《几何基础》。

1854年1月,全面体检诊断高斯的心脏已扩大,将不久于人世。但奇迹发生了。乐观的高斯在他自身顽强求生的精神下,病情得到缓解。

1854年6月,黎曼晋升为哥廷根大学正式讲师,在就职典礼上,高斯听了黎曼《论几何基础的假设》的学术报告,黎曼把三维空间内的几何理论推广到了更一般的n维空间,创立了广义的"黎曼几何学",这是19世纪最伟大的成就之一,标志着另一类的非欧几何的诞生。可惜,令人遗憾的是,当时这个报告的内容只有高斯一人能听懂,而在场的许多人听不太懂。

1854年6月,高斯在女儿陪同下出席了哥廷根到汉诺威间的铁路通车仪式。

1854年8月,病情恶化,下肢水肿。

1855年2月3日(有资料说是23日)清晨,高斯在睡眠中溘然辞世。

一颗科学巨星陨落了。

高斯是人间奇人,他那旺盛的生命之火熄灭了。人们幻想:他也许亲自去寻访天外的芳草,去寻找世界最高的生命,在森森的银河畔,在无穷的天穹里。假设人有灵魂的话,他那颗心灵又在开拓一个荒凉的星,让星与星之间传递发光的絮语,唤醒各星球孤寂而幽深的梦。

高斯的葬礼在庄严肃穆的气氛下举行,参加葬礼的人很多,有生前好友、同事或下属,有崇拜者,有政府和大学的高级官员。他的大女婿埃瓦尔德在悼词中赞扬高斯是难得的、无与伦比的天才。在送葬抬棺者中,有一位24岁的数学后起之秀戴德金(R. Dedekind,1831—1916),他是高斯的崇拜者之一,在读哥廷根大学时曾选修高斯的最小二乘法课,而受其影响,把兴趣转移到数学职业,后来成为一位著名的数学家。

大脑是智慧的摇篮。高斯去世后,科学家都想弄清他大脑与一般人的差异,在征得家属同意后,由著名的医生主刀解剖,发现高斯的大脑有深而多的脑回,超过普通人。

解剖的标本,当时收藏于哥廷根大学,供后人继续探秘。

第十八章　光辉的一生

科学发展史同时也是科学家的创造史。正是科学家孜孜不倦的学习,默默无闻的奉献,含辛茹苦的求索,视死如归的推行真理,不屈不挠的奋斗精神谱写了科学发展的曲曲壮歌,为人类塑造了一尊尊崇高的典范,激励着人们百折不挠地探索真理,坚持真理。像阿基米德、牛顿和高斯这些光辉的名字,就像他们对人类的贡献一样,名彪史册,他们饱含心酸、苦泪的探索和创造,将永远给人无穷的力量,催人奋进!

美国现代数学家贝尔(E. T. Bell,1883—1960)在《数学人物》中说:"任何一张开列有史以来三个最伟大的数学家的名单之中,必定会包括阿基米德,而另外两个通常是牛顿和高斯。"可见高斯的不朽伟绩。

当然,历史上数学家千千万万,他们的科学之花,也变成硕果累累,他们的科研之星,思想方法,已成长为阳光之林,推动科学前进。伟大的高斯走完了他光辉的人生旅程,给人类留下了大量的著作、文集、资料、日记等十分宝贵的财富,他的思想、论文至今仍对人们起着有益的作用。

高斯生前所发表的著作,只是高斯"遗产"的一部分,还有很多极其宝贵的财富在他死后才被人们发现。哥廷根大学出版的十二卷高斯全集,多数源于他的遗著、日记和手稿。

高斯多才多艺,兴趣广泛。他在数学、物理学、天文学、大地测量学等方面都有极重要的贡献。从1807年受聘为哥廷根大学教授,并担任新建天文台台长起,直到去世的48年中,高斯基本上是在母校执教、科研。他一生中,生活简朴,不贪图物质享受,求知不懈,硕果累累,他把自己的一生无私地奉献给人类伟大的科学事业。

他最爱观察问题、思考问题、分析问题,从而解决问题,尤其对于过去别人无法解决的历史或现实中的一些难题。高斯一生勤奋,每天伏案工作,久而久之,写字台下的地板上竟磨出了两只脚印,他被形象地称为"能从九霄云外的高度按照某种观点掌握星空和深奥数学的天才。"

高斯的思路敏捷,常常只用精炼的文学或其他符号,来记录他的研究、结论。早在高斯取得正十七边形作图成功的时候,就竖定了一生从事数学研究的决心。就在这一天(1796 年 3 月 30 日)高斯开始动笔写他著名的《数学日记》,直到 102 年后的 1898 年,人们才见到这本日记。这本日记中包括 146 个条目,最后一条的日期是 1814 年 7 月 9 日。它的日记全文采用了密码式文字书写。如在 1796 年 7 月 10 日的日记里,19 岁的高斯在日记里写下了这样一段奇怪的文字:

ERPHKA!

$$num = \triangle + \triangle + \triangle$$

这是什么意思?乍一看,谁也不明白。

原来,"ERPHKA"不是德文、俄文,也不是英文,而是希腊文字,读作"尤里卡",意思是"找到了"。"num"是因为"number"(数)的缩写,高斯在这里用来代表自然数。"$\triangle + \triangle + \triangle$"又是什么意思呢?符号"△"在几何中表示三角形,而这里代表三角数。

高斯日记本上的这段话的意思是:"找到了'自然数可以表示为至少三个三角数之和'的规律!"

什么是三角数? 公元前5世纪至公元前4世纪,希腊数学家们对于几何这门科学做了极其深刻的研究与探讨。当时希腊记数的方法很多,但有一种既简单又方便的记法,就是用石子来表示数,在沙盘上排列成各种图形进行思考、分子、作答。例如:

(图形) · · · · · · · · · · ·

(表示数) 1 3 6 10 15 …

每个三角形所表示的数就叫作三角数。希腊人发现,上面排列的这一系列数依次是一个有规律的加法

$1, 1+2, 1+2+3, 1+2+3+4, 1+3+4+5, \cdots$

而这一列有规律的数,恰好是"二项式展开系数三角形的第三条斜线上的数"。如图6就是二项式展开系数三角形,简称杨辉三角形。

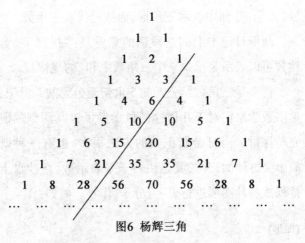

图6 杨辉三角

"杨辉三角形"最早是由我国北宋数学家贾宪在公元1023至公元1031年间首先发现的,后来杨辉在公元1261年著书时记载了下来,故称杨辉三角形。欧洲人说是法国数学家巴斯卡(B. Pascal,1623—1662)发现的,他们叫作巴斯卡三角形。巴斯卡比贾宪要晚600年。

杨辉三角形中的数,排列得很有规律:从上到下按行观察,每一行的两端都是1,而且除1以外的数都等于它肩上两个数的和。希腊人研究的三角数

$$1,3,6,10,15,21,28,\cdots$$

后来的数学家经过研究,发现了它们的许多有趣的性质或规律。

比如,把相邻(即靠近斜线左边的)两个数加起来,就会发现这些和一定是一个完全平方数。如

$$1 + 3 = 4 = 2^2$$
$$3 + 6 = 9 = 3^2$$
$$6 + 10 = 16 = 4^2$$
$$10 + 15 = 25 = 5^2$$
$$15 + 21 = 36 = 6^2$$
$$21 + 28 = 49 = 7^2$$
$$\vdots$$

还有,把任何一个三角数乘 8 再加 1 以后,也一定得到一个完全平方数。如

$$1 \times 8 + 1 = 9 = 3^2$$
$$3 \times 8 + 1 = 25 = 5^2$$
$$\vdots$$
$$21 \times 8 + 1 = 169 = 13^2$$
$$\vdots$$

1637 年,法国数学家费马(Fermat,1601—1665)

在读数学书时,看到了希腊人关于三角数的研究,书上说了它的一些性质。这位数学家便开动脑筋思考,进行计算,突然他又发现了一种有趣的情形:(就有限次的检验结果是一个规律)每个自然数,都可以用至多三个三角数之和的形式表示出来,如

$$3 = 1 + 1 + 1, 4 = 1 + 3$$
$$5 = 1 + 1 + 3, 6 = 3 + 3$$
$$7 = 1 + 6, 8 = 1 + 1 + 6$$
$$9 = 3 + 6$$
$$\vdots$$

费马发现了这个情况,验算了许多自然数都正确,但是,自然数有无限多个,最小的是1,没有最大的。要使对所有自然数都正确,不能单凭有限次的试验就下结论,万一其中有一个不行,就不能叫规律了。费马没能证明出来。像这种发现,在没有经过严格证明之前,科学家们只能把它叫做"猜想",不能叫定律或性质。

关于这个猜想的证明,后来许多人都花了不少气力,但都没能成功。100多年后被高斯知道了,他喜欢研究数论,这也是数论里的一个难题。于是他

思考着如何解决这个历史留下的"硬骨头"。尽管年纪轻轻,只有 20 岁,但他的钻研、思考却超过了同时代的人。他不怕困难,阅读参考书,用心计算,不久,高斯终于找到了证明的途径。

后来,其他数学家如欧拉、拉格朗日等像接力赛跑似地,一个接着一个研究,最终才完成了费马指出的特殊的和推广一般的规律的所有证明。

高斯日记本上记下的文字和符号里面,包含了多少劳动与喜悦啊!那一个大"!"号简直就像一串滚热地带着胜利喜悦的泪珠。

"尤里卡"这个词在科学史上与一件有趣的重大事件相联系:国王交给古希腊数学家、物理学家阿基米德(Archimedes,公元前 287—公元前 212)一项任务,让他检查一项金子做成的王冠,看里面是否掺进了银子。他思索许久都没有办法。有一天,他去澡堂洗澡,突然发现当身体在浴盆里沉下去的时候,排出了一部分水,从盆边溢了出来。"尤里卡,尤里卡!"阿基米德高兴地大叫起来。据说他忘了穿衣服就跑回家,用这个方法检查王冠是否掺假。

高斯用希腊文写上"尤里卡",说明他自认为得到了极其重要的发现,似乎可以跟阿基米德的发现相媲美。

高斯攻克了一个又一个的难题,解决了一个又一个的实际问题。他的卓越工作遍及当时数学的各个分支,如在数论、复变函数、概率统计、椭圆函数、曲面论、非欧几何、曲面微分几何学、近世代数等方面都有重要贡献。尤其在他偏爱的数论领域,更有多方面的建树。因此,数学领域内至今有许多术语,都冠以高斯的名字。如高斯和、高斯环、高斯质数、高斯方程、高斯函数、高斯公式、高斯曲线、高斯求积公式、高斯定理、高斯泛函、高斯消元法、高斯向量法、高斯随机过程等50余个。近代美国数学史家贝尔(Bell,1883—1960)评价高斯的成就时写道:"在数学世界里,高斯处处留芳。"

此外,高斯这颗科学巨星,一生中不仅在数学,而且在其他许多方面处于继往开来的地位,他选择研究的题目是古典的,但他解决这些题目的方法却是现代的,他不拘于成说,坚持走自己的路。他可以称得上是第一位杰出的现代数学家,而又是最后一位卓越的"古典数学家"。美国数学家 M. 克莱因

(M. Klein,1908—1992)后来在数学史书《古今数学思想》里评论说:"如果我们把18世纪的数学家想象为一系列的高山峻岭,那么,最后一个使人肃然起敬的巅峰便是高斯——那样一个广大的丰富的区域充满了生命的新元素。"

高斯从青年时代起,就受到各方面的重视和尊重,他以自己的博学和美德享有很高的社会地位。高斯一生的物质生活俭朴,毫不铺张浪费,不贪图安逸舒适的生活。因此,他保持了"神童"的青春,没有在历史淘沙炼石面前衰退为普通人,更没有过早的泯灭,这在历史上是不多的。

高斯用他辛勤的劳动有力地证明"神童"是可以成为伟大科学家的,只要他头脑冷静,谦虚谨慎,正确对待荣誉,保持敏捷的思想,一句话,对自己的事业有理想、有信心、有目标。

1855年高斯逝世时,汉诺威公爵发行了铸有"数学之王"的纪念币,无须解释,当时人们都知道这指的是高斯。数学界都认为,高斯无愧于这个美称。就是今天,德国及全世界数学界都没有忘记高斯。德国政府于1979年4月30日在高斯诞生202周年时,发行了新的 5 马克纪念币,以纪念这位"数学王子"。

德国慕尼黑博物馆挂了一幅高斯画像,上面写着这样一首诗歌赞颂高斯:

他的思想深入数学、空间、大自然的奥秘;

他测量了星星的路径、地球的形状和自然力;

他推动了数学的进展直到下个世纪。

高斯大事年表

1777·4月30日,出生于德国布伦斯维克。

1784·7岁,入小学。

1787·10岁,发现等差数列求和法。被誉为"神童"。

1788·考入文科中学。跳级插入初中二年级。

1792·15岁,被保送到布伦斯维克的卡罗琳学院(今大学预科)。开始思考、研究"平行线问题"。

1795·18岁,考入哥廷根大学,创立了最小二乘法。

1796·发现并证明了正十七边形的尺规作图以及作正多边形的条件。又发现证明了"二次互反律"又称"黄金定理"。

1798·大学毕业。

1799·完成《代数基本定理》的论文,获博士学位和讲师职称。

1800·发现了椭圆函数(未发表)。

1801·《算术研究》出版。被聘为俄罗斯科学院通讯院士。

1807·被聘为哥廷根大学常任教授及其天文台台长直至去世。又被聘为俄罗斯科学院名誉院士等。

1809·发表题为《天体沿圆锥曲线绕日运动的原理》的论文。

1812·发表题为《关于超几何级数》的论文。

1813·发表题为《关于椭球体的引力》的论文。

1814·发表题为《关于机械求积的工作》的论文。

1816·建立了非欧几何的基本原理。

1818·发表题为《关于行星的研究》的论文。

1822·发表题为《地图投影中采用等角法的研究》的论文。

1827·《曲面的一般研究》一书出版。

1831·再次发表了复数的几何表示法。

1833·与韦伯一起发明了电磁电报。

1839·发表题为《地磁的一般理论》的论文。

1846·给出《代数基本定理》第四个证明。

1853·发表《地磁概论》。

1855·2月23日,在哥廷根逝世,享年78岁。

刘培杰数学工作室
已出版(即将出版)图书目录——初等数学

书　名	出版时间	定　价	编号
新编中学数学解题方法全书(高中版)上卷	2007—09	38.00	7
新编中学数学解题方法全书(高中版)中卷	2007—09	48.00	8
新编中学数学解题方法全书(高中版)下卷(一)	2007—09	42.00	17
新编中学数学解题方法全书(高中版)下卷(二)	2007—09	38.00	18
新编中学数学解题方法全书(高中版)下卷(三)	2010—06	58.00	73
新编中学数学解题方法全书(初中版)上卷	2008—01	28.00	29
新编中学数学解题方法全书(初中版)中卷	2010—07	38.00	75
新编中学数学解题方法全书(高考复习卷)	2010—01	48.00	67
新编中学数学解题方法全书(高考真题卷)	2010—01	38.00	62
新编中学数学解题方法全书(高考精华卷)	2011—03	68.00	118
新编平面解析几何解题方法全书(专题讲座卷)	2010—01	18.00	61
新编中学数学解题方法全书(自主招生卷)	2013—08	88.00	261
数学奥林匹克与数学文化(第一辑)	2006—05	48.00	4
数学奥林匹克与数学文化(第二辑)(竞赛卷)	2008—01	48.00	19
数学奥林匹克与数学文化(第二辑)(文化卷)	2008—07	58.00	36′
数学奥林匹克与数学文化(第三辑)(竞赛卷)	2010—01	48.00	59
数学奥林匹克与数学文化(第四辑)(竞赛卷)	2011—08	58.00	87
数学奥林匹克与数学文化(第五辑)	2015—06	98.00	370
世界著名平面几何经典著作钩沉——几何作图专题卷(上)	2009—06	48.00	49
世界著名平面几何经典著作钩沉——几何作图专题卷(下)	2011—03	88.00	80
世界著名平面几何经典著作钩沉(民国平面几何老课本)	2011—03	38.00	113
世界著名平面几何经典著作钩沉(建国初期平面三角老课本)	2015—08	38.00	507
世界著名解析几何经典著作钩沉——平面解析几何卷	2014—01	38.00	264
世界著名数论经典著作钩沉(算术卷)	2012—01	28.00	125
世界著名数学经典著作钩沉——立体几何卷	2011—02	28.00	88
世界著名三角学经典著作钩沉(平面三角卷Ⅰ)	2010—01	28.00	69
世界著名三角学经典著作钩沉(平面三角卷Ⅱ)	2011—01	38.00	78
世界著名初等数论经典著作钩沉(理论和实用算术卷)	2011—07	38.00	126
发展你的空间想象力	2017—06	38.00	785
走向国际数学奥林匹克的平面几何试题诠释(上、下)(第1版)	2007—01	68.00	11,12
走向国际数学奥林匹克的平面几何试题诠释(上、下)(第2版)	2010—02	98.00	63,64
平面几何证明方法全书	2007—08	35.00	1
平面几何证明方法全书习题解答(第1版)	2005—10	18.00	2
平面几何证明方法全书习题解答(第2版)	2006—12	18.00	10
平面几何天天练上卷·基础篇(直线型)	2013—01	58.00	208
平面几何天天练中卷·基础篇(涉及圆)	2013—01	28.00	234
平面几何天天练下卷·提高篇	2013—01	58.00	237
平面几何专题研究	2013—07	98.00	258

I

刘培杰数学工作室
已出版（即将出版）图书目录——初等数学

书　名	出版时间	定　价	编号
最新世界各国数学奥林匹克中的平面几何试题	2007—09	38.00	14
数学竞赛平面几何典型题及新颖解	2010—07	48.00	74
初等数学复习及研究（平面几何）	2008—09	58.00	38
初等数学复习及研究（立体几何）	2010—06	38.00	71
初等数学复习及研究（平面几何）习题解答	2009—01	48.00	42
几何学教程（平面几何卷）	2011—03	68.00	90
几何学教程（立体几何卷）	2011—07	68.00	130
几何变换与几何证题	2010—06	88.00	70
计算方法与几何证题	2011—06	28.00	129
立体几何技巧与方法	2014—04	88.00	293
几何瑰宝——平面几何500名题暨1000条定理（上、下）	2010—07	138.00	76,77
三角形的解法与应用	2012—07	18.00	183
近代的三角形几何学	2012—07	48.00	184
一般折线几何学	2015—08	48.00	503
三角形的五心	2009—06	28.00	51
三角形的六心及其应用	2015—10	68.00	542
三角形趣谈	2012—08	28.00	212
解三角形	2014—01	28.00	265
三角学专门教程	2014—09	28.00	387
图天下几何新题试卷.初中（第2版）	2017—11	58.00	855
圆锥曲线习题集（上册）	2013—06	68.00	255
圆锥曲线习题集（中册）	2015—01	78.00	434
圆锥曲线习题集（下册·第1卷）	2016—10	78.00	683
圆锥曲线习题集（下册·第2卷）	2018—01	98.00	853
论九点圆	2015—05	88.00	645
近代欧氏几何学	2012—03	48.00	162
罗巴切夫斯基几何学及几何基础概要	2012—07	28.00	188
罗巴切夫斯基几何学初步	2015—06	28.00	474
用三角、解析几何、复数、向量计算解数学竞赛几何题	2015—03	48.00	455
美国中学几何教程	2015—04	88.00	458
三线坐标与三角形特征点	2015—04	98.00	460
平面解析几何方法与研究（第1卷）	2015—05	18.00	471
平面解析几何方法与研究（第2卷）	2015—06	18.00	472
平面解析几何方法与研究（第3卷）	2015—07	18.00	473
解析几何研究	2015—01	38.00	425
解析几何学教程.上	2016—01	38.00	574
解析几何学教程.下	2016—01	38.00	575
几何学基础	2016—01	58.00	581
初等几何研究	2015—02	58.00	444
十九和二十世纪欧氏几何学中的片段	2017—01	58.00	696
平面几何中考.高考.奥数一本通	2017—07	28.00	820
几何学简史	2017—08	28.00	833
四面体	2018—01	48.00	880

刘培杰数学工作室
已出版(即将出版)图书目录——初等数学

书 名	出版时间	定价	编号
俄罗斯平面几何问题集	2009—08	88.00	55
俄罗斯立体几何问题集	2014—03	58.00	283
俄罗斯几何大师——沙雷金论数学及其他	2014—01	48.00	271
来自俄罗斯的5000道几何习题及解答	2011—03	58.00	89
俄罗斯初等数学问题集	2012—05	38.00	177
俄罗斯函数问题集	2011—03	38.00	103
俄罗斯组合分析问题集	2011—01	48.00	79
俄罗斯初等数学万题选——三角卷	2012—11	38.00	222
俄罗斯初等数学万题选——代数卷	2013—08	68.00	225
俄罗斯初等数学万题选——几何卷	2014—01	68.00	226
463个俄罗斯几何老问题	2012—01	28.00	152
谈谈素数	2011—03	18.00	91
平方和	2011—03	18.00	92
整数论	2011—05	38.00	120
从整数谈起	2015—10	28.00	538
数与多项式	2016—01	38.00	558
谈谈不定方程	2011—05	28.00	119
解析不等式新论	2009—06	68.00	48
建立不等式的方法	2011—03	98.00	104
数学奥林匹克不等式研究	2009—08	68.00	56
不等式研究(第二辑)	2012—02	68.00	153
不等式的秘密(第一卷)	2012—02	28.00	154
不等式的秘密(第一卷)(第2版)	2014—02	38.00	286
不等式的秘密(第二卷)	2014—01	38.00	268
初等不等式的证明方法	2010—06	38.00	123
初等不等式的证明方法(第二版)	2014—11	38.00	407
不等式·理论·方法(基础卷)	2015—07	38.00	496
不等式·理论·方法(经典不等式卷)	2015—07	38.00	497
不等式·理论·方法(特殊类型不等式卷)	2015—07	48.00	498
不等式探究	2016—03	38.00	582
不等式探秘	2017—01	88.00	689
四面体不等式	2017—01	68.00	715
数学奥林匹克中常见重要不等式	2017—09	38.00	845
同余理论	2012—05	38.00	163
[x]与{x}	2015—04	48.00	476
极值与最值.上卷	2015—06	28.00	486
极值与最值.中卷	2015—06	38.00	487
极值与最值.下卷	2015—06	28.00	488
整数的性质	2012—11	38.00	192
完全平方数及其应用	2015—08	78.00	506
多项式理论	2015—10	88.00	541
奇数、偶数、奇偶分析法	2018—01	98.00	876

刘培杰数学工作室
已出版(即将出版)图书目录——初等数学

书　名	出版时间	定　价	编号
历届美国中学生数学竞赛试题及解答(第一卷)1950—1954	2014—07	18.00	277
历届美国中学生数学竞赛试题及解答(第二卷)1955—1959	2014—04	18.00	278
历届美国中学生数学竞赛试题及解答(第三卷)1960—1964	2014—06	18.00	279
历届美国中学生数学竞赛试题及解答(第四卷)1965—1969	2014—04	28.00	280
历届美国中学生数学竞赛试题及解答(第五卷)1970—1972	2014—06	18.00	281
历届美国中学生数学竞赛试题及解答(第六卷)1973—1980	2017—07	18.00	768
历届美国中学生数学竞赛试题及解答(第七卷)1981—1986	2015—01	18.00	424
历届美国中学生数学竞赛试题及解答(第八卷)1987—1990	2017—05	18.00	769
历届 IMO 试题集(1959—2005)	2006—05	58.00	5
历届 CMO 试题集	2008—09	28.00	40
历届中国数学奥林匹克试题集(第 2 版)	2017—03	38.00	757
历届加拿大数学奥林匹克试题集	2012—08	38.00	215
历届美国数学奥林匹克试题集:多解推广加强	2012—08	38.00	209
历届美国数学奥林匹克试题集:多解推广加强(第 2 版)	2016—03	48.00	592
历届波兰数学竞赛试题集.第 1 卷,1949~1963	2015—03	18.00	453
历届波兰数学竞赛试题集.第 2 卷,1964~1976	2015—03	18.00	454
历届巴尔干数学奥林匹克试题集	2015—05	38.00	466
保加利亚数学奥林匹克	2014—10	38.00	393
圣彼得堡数学奥林匹克试题集	2015—01	38.00	429
匈牙利奥林匹克数学竞赛题解.第 1 卷	2016—05	28.00	593
匈牙利奥林匹克数学竞赛题解.第 2 卷	2016—05	28.00	594
历届美国数学邀请赛试题集(第 2 版)	2017—10	78.00	851
全国高中数学竞赛试题及解答.第 1 卷	2014—07	38.00	331
普林斯顿大学数学竞赛	2016—06	38.00	669
亚太地区数学奥林匹克竞赛题	2015—07	18.00	492
日本历届(初级)广中杯数学竞赛试题及解答.第 1 卷(2000~2007)	2016—05	28.00	641
日本历届(初级)广中杯数学竞赛试题及解答.第 2 卷(2008~2015)	2016—05	38.00	642
360 个数学竞赛问题	2016—08	58.00	677
奥数最佳实战题.上卷	2017—06	38.00	760
奥数最佳实战题.下卷	2017—05	58.00	761
哈尔滨市早期中学数学竞赛试题汇编	2016—07	28.00	672
全国高中数学联赛试题及解答:1981—2015	2016—08	98.00	676
20 世纪 50 年代全国部分城市数学竞赛试题汇编	2017—07	28.00	797
高中数学竞赛培训教程:整除与同余以及不定方程	2018—01	88.00	869
高考数学临门一脚(含密押三套卷)(理科版)	2017—01	45.00	743
高考数学临门一脚(含密押三套卷)(文科版)	2017—01	45.00	744
新课标高考数学题型全归纳(文科版)	2015—05	72.00	467
新课标高考数学题型全归纳(理科版)	2015—05	82.00	468
洞穿高考数学解答题核心考点(理科版)	2015—11	49.80	550
洞穿高考数学解答题核心考点(文科版)	2015—11	46.80	551

Ⅳ

刘培杰数学工作室
已出版(即将出版)图书目录——初等数学

书 名	出版时间	定 价	编号
高考数学题型全归纳:文科版.上	2016—05	53.00	663
高考数学题型全归纳:文科版.下	2016—05	53.00	664
高考数学题型全归纳:理科版.上	2016—05	58.00	665
高考数学题型全归纳:理科版.下	2016—05	58.00	666
王连笑教你怎样学数学:高考选择题解题策略与客观题实用训练	2014—01	48.00	262
王连笑教你怎样学数学:高考数学高层次讲座	2015—02	48.00	432
高考数学的理论与实践	2009—08	38.00	53
高考数学核心题型解题方法与技巧	2010—01	28.00	86
高考思维新平台	2014—03	38.00	259
30分钟拿下高考数学选择题、填空题(理科版)	2016—10	39.80	720
30分钟拿下高考数学选择题、填空题(文科版)	2016—10	39.80	721
高考数学压轴题解题诀窍(上)(第2版)	2018—01	58.00	874
高考数学压轴题解题诀窍(下)(第2版)	2018—01	48.00	875
北京市五区文科数学三年高考模拟详解:2013~2015	2015—08	48.00	500
北京市五区理科数学三年高考模拟详解:2013~2015	2015—09	68.00	505
向量法巧解数学高考题	2009—08	28.00	54
高考数学万能解题法(第2版)	即将出版	38.00	691
高考物理万能解题法(第2版)	即将出版	38.00	692
高考化学万能解题法(第2版)	即将出版	28.00	693
高考生物万能解题法(第2版)	即将出版	28.00	694
高考数学解题金典(第2版)	2017—01	78.00	716
高考物理解题金典(第2版)	即将出版	68.00	717
高考化学解题金典(第2版)	即将出版	58.00	718
我一定要赚分:高中物理	2016—01	38.00	580
数学高考参考	2016—01	78.00	589
2011~2015年全国及各省市高考数学文科精品试题审题要津与解法研究	2015—10	68.00	539
2011~2015年全国及各省市高考数学理科精品试题审题要津与解法研究	2015—10	88.00	540
最新全国及各省市高考数学试卷解法研究及点拨评析	2009—02	38.00	41
2011年全国及各省市高考数学试题审题要津与解法研究	2011—10	48.00	139
2013年全国及各省市高考数学试题解析与点评	2014—01	48.00	282
全国及各省市高考数学试题审题要津与解法研究	2015—02	48.00	450
新课标高考数学——五年试题分章详解(2007~2011)(上、下)	2011—10	78.00	140,141
全国中考数学压轴题审题要津与解法研究	2013—04	78.00	248
新编全国及各省市中考数学压轴题审题要津与解法研究	2014—05	58.00	342
全国及各省市5年中考数学压轴题审题要津与解法研究(2015版)	2015—04	58.00	462
中考数学专题总复习	2007—04	28.00	6
中考数学较难题、难题常考题型解题方法与技巧.上	2016—01	48.00	584
中考数学较难题、难题常考题型解题方法与技巧.下	2016—01	58.00	585
中考数学较难题常考题型解题方法与技巧	2016—09	48.00	681
中考数学难题常考题型解题方法与技巧	2016—09	48.00	682

V

刘培杰数学工作室
已出版(即将出版)图书目录——初等数学

书　名	出版时间	定价	编号
中考数学选择填空压轴好题妙解 365	2017—05	38.00	759
中考数学小压轴汇编初讲	2017—07	48.00	788
中考数学大压轴专题微言	2017—09	48.00	846
北京中考数学压轴题解题方法突破(第3版)	2017—11	48.00	854
助你高考成功的数学解题智慧:知识是智慧的基础	2016—01	58.00	596
助你高考成功的数学解题智慧:错误是智慧的试金石	2016—04	58.00	643
助你高考成功的数学解题智慧:方法是智慧的推手	2016—04	68.00	657
高考数学奇思妙解	2016—04	38.00	610
高考数学解题策略	2016—05	48.00	670
数学解题泄天机(第2版)	2017—10	48.00	850
高考物理压轴题全解	2017—04	48.00	746
高中物理经典问题 25 讲	2017—05	28.00	764
高中物理教学讲义	2018—01	48.00	871
2016年高考文科数学真题研究	2017—04	58.00	754
2016年高考理科数学真题研究	2017—04	78.00	755
初中数学、高中数学脱节知识补缺教材	2017—06	48.00	766
高考数学小题抢分必练	2017—10	48.00	834
高考数学核心素养解读	2017—09	38.00	839
高考数学客观题解题方法和技巧	2017—10	38.00	847
十年高考数学精品试题审题要津与解法研究.上卷	2018—01	68.00	872
十年高考数学精品试题审题要津与解法研究.下卷	2018—01	58.00	873
中国历届高考数学试题及解答.1949—1979	2018—01	38.00	877
新编 640 个世界著名数学智力趣题	2014—01	88.00	242
500 个最新世界著名数学智力趣题	2008—06	48.00	3
400 个最新世界著名数学最值问题	2008—09	48.00	36
500 个世界著名数学征解问题	2009—06	48.00	52
400 个中国最初数学征解老问题	2010—01	48.00	60
500 个俄罗斯数学经典老题	2011—01	28.00	81
1000 个国外中学物理好题	2012—04	48.00	174
300 个日本高考数学题	2012—05	38.00	142
700 个早期日本高考数学试题	2017—02	88.00	752
500 个前苏联早期高考数学试题及解答	2012—05	28.00	185
546 个早期俄罗斯大学生数学竞赛题	2014—03	38.00	285
548 个来自美苏的数学好问题	2014—11	28.00	396
20 所苏联著名大学早期入学试题	2015—02	18.00	452
161 道德国工科大学生必做的微分方程习题	2015—05	28.00	469
500 个德国工科大学生必做的高数习题	2015—06	28.00	478
360 个数学竞赛问题	2016—08	58.00	677
德国讲义日本考题.微积分卷	2015—04	48.00	456
德国讲义日本考题.微分方程卷	2015—04	38.00	457
二十世纪中叶中、英、美、日、法、俄高考数学试题精选	2017—06	38.00	783

刘培杰数学工作室
已出版(即将出版)图书目录——初等数学

书 名	出版时间	定 价	编号
中国初等数学研究 2009卷(第1辑)	2009—05	20.00	45
中国初等数学研究 2010卷(第2辑)	2010—05	30.00	68
中国初等数学研究 2011卷(第3辑)	2011—07	60.00	127
中国初等数学研究 2012卷(第4辑)	2012—07	48.00	190
中国初等数学研究 2014卷(第5辑)	2014—02	48.00	288
中国初等数学研究 2015卷(第6辑)	2015—06	68.00	493
中国初等数学研究 2016卷(第7辑)	2016—04	68.00	609
中国初等数学研究 2017卷(第8辑)	2017—01	98.00	712
几何变换(Ⅰ)	2014—07	28.00	353
几何变换(Ⅱ)	2015—06	28.00	354
几何变换(Ⅲ)	2015—01	38.00	355
几何变换(Ⅳ)	2015—12	38.00	356
初等数论难题集(第一卷)	2009—05	68.00	44
初等数论难题集(第二卷)(上、下)	2011—02	128.00	82,83
数论概貌	2011—03	18.00	93
代数数论(第二版)	2013—08	58.00	94
代数多项式	2014—06	38.00	289
初等数论的知识与问题	2011—02	28.00	95
超越数论基础	2011—03	28.00	96
数论初等教程	2011—03	28.00	97
数论基础	2011—03	18.00	98
数论基础与维诺格拉多夫	2014—03	18.00	292
解析数论基础	2012—08	28.00	216
解析数论基础(第二版)	2014—01	48.00	287
解析数论问题集(第二版)(原版引进)	2014—05	88.00	343
解析数论问题集(第二版)(中译本)	2016—04	88.00	607
解析数论基础(潘承洞,潘承彪著)	2016—07	98.00	673
解析数论导引	2016—07	58.00	674
数论入门	2011—03	38.00	99
代数数论入门	2015—03	38.00	448
数论开篇	2012—07	28.00	194
解析数论引论	2011—03	48.00	100
Barban Davenport Halberstam 均值和	2009—01	40.00	33
基础数论	2011—03	28.00	101
初等数论100例	2011—05	18.00	122
初等数论经典例题	2012—07	18.00	204
最新世界各国数学奥林匹克中的初等数论试题(上、下)	2012—01	138.00	144,145
初等数论(Ⅰ)	2012—01	18.00	156
初等数论(Ⅱ)	2012—01	18.00	157
初等数论(Ⅲ)	2012—01	28.00	158

刘培杰数学工作室
已出版(即将出版)图书目录——初等数学

书 名	出版时间	定 价	编号
平面几何与数论中未解决的新老问题	2013—01	68.00	229
代数数论简史	2014—11	28.00	408
代数数论	2015—09	88.00	532
代数、数论及分析习题集	2016—11	98.00	695
数论导引提要及习题解答	2016—01	48.00	559
素数定理的初等证明.第2版	2016—09	48.00	686
数论中的模函数与狄利克雷级数(第二版)	2017—11	78.00	837
数论:数学导引	2018—01	68.00	849
数学眼光透视(第2版)	2017—06	78.00	732
数学思想领悟(第2版)	2018—01	68.00	733
数学应用展观(第2版)	2017—08	68.00	737
数学建模导引	2008—01	28.00	23
数学方法溯源	2008—01	38.00	27
数学史话览胜(第2版)	2017—01	48.00	736
数学思维技术	2013—09	38.00	260
数学解题引论	2017—05	48.00	735
数学竞赛采风	2018—01	68.00	739
从毕达哥拉斯到怀尔斯	2007—10	48.00	9
从迪利克雷到维斯卡尔迪	2008—01	48.00	21
从哥德巴赫到陈景润	2008—05	98.00	35
从庞加莱到佩雷尔曼	2011—08	138.00	136
博弈论精粹	2008—03	58.00	30
博弈论精粹.第二版(精装)	2015—01	88.00	461
数学 我爱你	2008—01	28.00	20
精神的圣徒 别样的人生——60位中国数学家成长的历程	2008—09	48.00	39
数学史概论	2009—06	78.00	50
数学史概论(精装)	2013—03	158.00	272
数学史选讲	2016—01	48.00	544
斐波那契数列	2010—02	28.00	65
数学拼盘和斐波那契魔方	2010—07	38.00	72
斐波那契数列欣赏	2011—01	28.00	160
数学的创造	2011—02	48.00	85
数学美与创造力	2016—01	48.00	595
数海拾贝	2016—01	48.00	590
数学中的美	2011—02	38.00	84
数论中的美学	2014—12	38.00	351

Ⅷ

刘培杰数学工作室
已出版(即将出版)图书目录——初等数学

书 名	出版时间	定 价	编号
数学王者 科学巨人——高斯	2015—01	28.00	428
振兴祖国数学的圆梦之旅:中国初等数学研究史话	2015—06	98.00	490
二十世纪中国数学史料研究	2015—10	48.00	536
数字谜、数阵图与棋盘覆盖	2016—01	58.00	298
时间的形状	2016—01	38.00	556
数学发现的艺术:数学探索中的合情推理	2016—07	58.00	671
活跃在数学中的参数	2016—07	48.00	675
数学解题——靠数学思想给力(上)	2011—07	38.00	131
数学解题——靠数学思想给力(中)	2011—07	48.00	132
数学解题——靠数学思想给力(下)	2011—07	38.00	133
我怎样解题	2013—01	48.00	227
数学解题中的物理方法	2011—06	28.00	114
数学解题的特殊方法	2011—06	48.00	115
中学数学计算技巧	2012—01	48.00	116
中学数学证明方法	2012—01	58.00	117
数学趣题巧解	2012—03	28.00	128
高中数学教学通鉴	2015—05	58.00	479
和高中生漫谈:数学与哲学的故事	2014—08	28.00	369
算术问题集	2017—03	38.00	789
自主招生考试中的参数方程问题	2015—01	28.00	435
自主招生考试中的极坐标问题	2015—04	28.00	463
近年全国重点大学自主招生数学试题全解及研究.华约卷	2015—02	38.00	441
近年全国重点大学自主招生数学试题全解及研究.北约卷	2016—05	38.00	619
自主招生数学解证宝典	2015—09	48.00	535
格点和面积	2012—07	18.00	191
射影几何趣谈	2012—04	28.00	175
斯潘纳尔引理——从一道加拿大数学奥林匹克试题谈起	2014—01	28.00	228
李普希兹条件——从几道近年高考数学试题谈起	2012—10	18.00	221
拉格朗日中值定理——从一道北京高考试题的解法谈起	2015—10	18.00	197
闵科夫斯基定理——从一道清华大学自主招生试题谈起	2014—01	28.00	198
哈尔测度——从一道冬令营试题的背景谈起	2012—08	18.00	202
切比雪夫逼近问题——从一道中国台北数学奥林匹克试题谈起	2013—04	38.00	238
伯恩斯坦多项式与贝齐尔曲面——从一道全国高中数学联赛试题谈起	2013—03	38.00	236
卡塔兰猜想——从一道普特南竞赛试题谈起	2013—06	18.00	256
麦卡锡函数和阿克曼函数——从一道前南斯拉夫数学奥林匹克试题谈起	2012—08	18.00	201
贝蒂定理与拉姆贝克莫斯尔定理——从一个拣石子游戏谈起	2012—08	18.00	217
皮亚诺曲线和豪斯道夫分球定理——从无限集谈起	2012—08	18.00	211
平面凸图形与凸多面体	2012—10	28.00	218
斯坦因豪斯问题——从一道二十五省市自治区中学数学竞赛试题谈起	2012—07	18.00	196

刘培杰数学工作室
已出版(即将出版)图书目录——初等数学

书 名	出版时间	定 价	编号
纽结理论中的亚历山大多项式与琼斯多项式——从一道北京市高一数学竞赛试题谈起	2012-07	28.00	195
原则与策略——从波利亚"解题表"谈起	2013-04	38.00	244
转化与化归——从三大尺规作图不能问题谈起	2012-08	28.00	214
代数几何中的贝祖定理(第一版)——从一道IMO试题的解法谈起	2013-08	18.00	193
成功连贯理论与约当块理论——从一道比利时数学竞赛试题谈起	2012-04	18.00	180
素数判定与大数分解	2014-08	18.00	199
置换多项式及其应用	2012-10	18.00	220
椭圆函数与模函数——从一道美国加州大学洛杉矶分校(UCLA)博士资格考题谈起	2012-10	28.00	219
差分方程的拉格朗日方法——从一道2011年全国高考理科试题的解法谈起	2012-08	28.00	200
力学在几何中的一些应用	2013-01	38.00	240
高斯散度定理、斯托克斯定理和平面格林定理——从一道国际大学生数学竞赛试题谈起	即将出版		
康托洛维奇不等式——从一道全国高中联赛试题谈起	2013-03	28.00	337
西格尔引理——从一道第18届IMO试题的解法谈起	即将出版		
罗斯定理——从一道前苏联数学竞赛试题谈起	即将出版		
拉克斯定理和阿廷定理——从一道IMO试题的解法谈起	2014-01	58.00	246
毕卡大定理——从一道美国大学数学竞赛试题谈起	2014-07	18.00	350
贝齐尔曲线——从一道全国高中联赛试题谈起	即将出版		
拉格朗日乘子定理——从一道2005年全国高中联赛试题的高等数学解法谈起	2015-05	28.00	480
雅可比定理——从一道日本数学奥林匹克试题谈起	2013-03	48.00	249
李天岩-约克定理——从一道波兰数学竞赛试题谈起	2014-06	28.00	349
整系数多项式因式分解的一般方法——从克朗耐克算法谈起	即将出版		
布劳维不动点定理——从一道前苏联数学奥林匹克试题谈起	2014-01	38.00	273
伯恩赛德定理——从一道英国数学奥林匹克试题谈起	即将出版		
布查特-莫斯特定理——从一道上海市初中竞赛试题谈起	即将出版		
数论中的同余数问题——从一道普特南竞赛试题谈起	即将出版		
范·德蒙行列式——从一道美国数学奥林匹克试题谈起	即将出版		
中国剩余定理:总数法构建中国历史年表	2015-01	28.00	430
牛顿程序与方程求根——从一道全国高考试题解法谈起	即将出版		
库默尔定理——从一道IMO预选试题谈起	即将出版		
卢丁定理——从一道冬令营试题的解法谈起	即将出版		
沃斯滕霍姆定理——从一道IMO预选试题谈起	即将出版		
卡尔松不等式——从一道莫斯科数学奥林匹克试题谈起	即将出版		
信息论中的香农熵——从一道近年高考压轴题谈起	即将出版		
约当不等式——从一道希望杯竞赛试题谈起	即将出版		
拉比诺维奇定理	即将出版		
刘维尔定理——从一道《美国数学月刊》征解问题的解法谈起	即将出版		
卡塔兰恒等式与级数求和——从一道IMO试题的解法谈起	即将出版		
勒让德猜想与素数分布——从一道爱尔兰竞赛试题谈起	即将出版		
天平称重与信息论——从一道基辅市数学奥林匹克试题谈起	即将出版		
哈尔顿-凯莱定理:从一道高中数学联赛试题的解法谈起	2014-09	18.00	376
艾思特曼定理——从一道CMO试题的解法谈起	即将出版		

X

刘培杰数学工作室
已出版(即将出版)图书目录——初等数学

书　名	出版时间	定　价	编号
一个爱尔特希问题——从一道西德数学奥林匹克试题谈起	即将出版		
有限群中的爱丁格尔问题——从一道北京市初中二年级数学竞赛试题谈起	即将出版		
贝克码与编码理论——从一道全国高中联赛试题谈起	即将出版		
帕斯卡三角形	2014-03	18.00	294
蒲丰投针问题——从2009年清华大学的一道自主招生试题谈起	2014-01	38.00	295
斯图姆定理——从一道"华约"自主招生试题的解法谈起	2014-01	18.00	296
许瓦兹引理——从一道加利福尼亚大学伯克利分校数学系博士生试题谈起	2014-08	18.00	297
拉姆塞定理——从王诗宬院士的一个问题谈起	2016-04	48.00	299
坐标法	2013-12	28.00	332
数论三角形	2014-04	38.00	341
毕克定理	2014-07	18.00	352
数林掠影	2014-09	48.00	389
我们周围的概率	2014-10	38.00	390
凸函数最值定理：从一道华约自主招生题的解法谈起	2014-10	28.00	391
易学与数学奥林匹克	2014-10	38.00	392
生物数学趣谈	2015-01	18.00	409
反演	2015-01	28.00	420
因式分解与圆锥曲线	2015-01	18.00	426
轨迹	2015-01	28.00	427
面积原理：从常庚哲命的一道CMO试题的积分解法谈起	2015-01	48.00	431
形形色色的不动点定理：从一道28届IMO试题谈起	2015-01	38.00	439
柯西函数方程：从一道上海交大自主招生的试题谈起	2015-02	28.00	440
三角恒等式	2015-02	28.00	442
无理性判定：从一道2014年"北约"自主招生试题谈起	2015-01	38.00	443
数学归纳法	2015-03	18.00	451
极端原理与解题	2015-04	28.00	464
法雷级数	2014-08	18.00	367
摆线族	2015-01	38.00	438
函数方程及其解法	2015-05	38.00	470
含参数的方程和不等式	2012-09	28.00	213
希尔伯特第十问题	2016-01	38.00	543
无穷小量的求和	2016-01	28.00	545
切比雪夫多项式：从一道清华大学金秋营试题谈起	2016-01	38.00	583
泽肯多夫定理	2016-03	38.00	599
代数等式证题法	2016-01	28.00	600
三角等式证题法	2016-01	28.00	601
吴大任教授藏书中的一个因式分解公式：从一道美国数学邀请赛试题的解法谈起	2016-06	28.00	656
易卦——类万物的数学模型	2017-08	68.00	838
"不可思议"的数与数系可持续发展	2018-01	38.00	878
最短线	2018-01	38.00	879
幻方和魔方（第一卷）	2012-05	68.00	173
尘封的经典——初等数学经典文献选读（第一卷）	2012-07	48.00	205
尘封的经典——初等数学经典文献选读（第二卷）	2012-07	38.00	206
初级方程式论	2011-03	28.00	106
初等数学研究（Ⅰ）	2008-09	68.00	37
初等数学研究（Ⅱ）（上、下）	2009-05	118.00	46,47

刘培杰数学工作室
已出版(即将出版)图书目录——初等数学

书　名	出版时间	定　价	编号
趣味初等方程妙题集锦	2014—09	48.00	388
趣味初等数论选美与欣赏	2015—02	48.00	445
耕读笔记(上卷):一位农民数学爱好者的初数探索	2015—04	28.00	459
耕读笔记(中卷):一位农民数学爱好者的初数探索	2015—05	28.00	483
耕读笔记(下卷):一位农民数学爱好者的初数探索	2015—05	28.00	484
几何不等式研究与欣赏.上卷	2016—01	88.00	547
几何不等式研究与欣赏.下卷	2016—01	48.00	552
初等数列研究与欣赏·上	2016—01	48.00	570
初等数列研究与欣赏·下	2016—01	48.00	571
趣味初等函数研究与欣赏.上	2016—09	48.00	684
趣味初等函数研究与欣赏.下	即将出版		685
火柴游戏	2016—05	38.00	612
智力解谜.第 1 卷	2017—07	38.00	613
智力解谜.第 2 卷	2017—07	38.00	614
故事智力	2016—07	48.00	615
名人们喜欢的智力问题	即将出版		616
数学大师的发现、创造与失误	2018—01	48.00	617
异曲同工	即将出版		618
数学的味道	2018—01	58.00	798
数贝偶拾——高考数学题研究	2014—04	28.00	274
数贝偶拾——初等数学研究	2014—04	38.00	275
数贝偶拾——奥数题研究	2014—04	48.00	276
钱昌本教你快乐学数学(上)	2011—12	48.00	155
钱昌本教你快乐学数学(下)	2012—03	58.00	171
集合、函数与方程	2014—01	28.00	300
数列与不等式	2014—01	38.00	301
三角与平面向量	2014—01	28.00	302
平面解析几何	2014—01	38.00	303
立体几何与组合	2014—01	28.00	304
极限与导数、数学归纳法	2014—01	38.00	305
趣味数学	2014—03	28.00	306
教材教法	2014—04	68.00	307
自主招生	2014—05	58.00	308
高考压轴题(上)	2015—01	48.00	309
高考压轴题(下)	2014—10	68.00	310
从费马到怀尔斯——费马大定理的历史	2013—10	198.00	Ⅰ
从庞加莱到佩雷尔曼——庞加莱猜想的历史	2013—10	298.00	Ⅱ
从切比雪夫到爱尔特希(上)——素数定理的初等证明	2013—07	48.00	Ⅲ
从切比雪夫到爱尔特希(下)——素数定理 100 年	2012—12	98.00	Ⅲ
从高斯到盖尔方特——二次域的高斯猜想	2013—10	198.00	Ⅳ
从库默尔到朗兰兹——朗兰兹猜想的历史	2014—01	98.00	Ⅴ
从比勒尔到德布朗斯——比勒巴赫猜想的历史	2014—02	298.00	Ⅵ
从麦比乌斯到陈省身——麦比乌斯变换与麦比乌斯带	2014—02	298.00	Ⅶ
从布尔到豪斯道夫——布尔方程与格论漫谈	2013—10	198.00	Ⅷ
从开普勒到阿诺德——三体问题的历史	2014—05	298.00	Ⅸ
从华林到华罗庚——华林问题的历史	2013—10	298.00	Ⅹ

刘培杰数学工作室
已出版(即将出版)图书目录——初等数学

书　　　名	出版时间	定价	编号
美国高中数学竞赛五十讲.第1卷(英文)	2014—08	28.00	357
美国高中数学竞赛五十讲.第2卷(英文)	2014—08	28.00	358
美国高中数学竞赛五十讲.第3卷(英文)	2014—09	28.00	359
美国高中数学竞赛五十讲.第4卷(英文)	2014—09	28.00	360
美国高中数学竞赛五十讲.第5卷(英文)	2014—10	28.00	361
美国高中数学竞赛五十讲.第6卷(英文)	2014—11	28.00	362
美国高中数学竞赛五十讲.第7卷(英文)	2014—12	28.00	363
美国高中数学竞赛五十讲.第8卷(英文)	2015—01	28.00	364
美国高中数学竞赛五十讲.第9卷(英文)	2015—01	28.00	365
美国高中数学竞赛五十讲.第10卷(英文)	2015—02	38.00	366
三角函数	2014—01	38.00	311
不等式	2014—01	38.00	312
数列	2014—01	38.00	313
方程	2014—01	28.00	314
排列和组合	2014—01	28.00	315
极限与导数	2014—01	28.00	316
向量	2014—09	38.00	317
复数及其应用	2014—08	28.00	318
函数	2014—01	38.00	319
集合	即将出版		320
直线与平面	2014—01	28.00	321
立体几何	2014—01	28.00	322
解三角形	即将出版		323
直线与圆	2014—01	28.00	324
圆锥曲线	2014—01	38.00	325
解题通法(一)	2014—07	38.00	326
解题通法(二)	2014—07	38.00	327
解题通法(三)	2014—05	38.00	328
概率与统计	2014—01	28.00	329
信息迁移与算法	即将出版		330
IMO 50年.第1卷(1959—1963)	2014—11	28.00	377
IMO 50年.第2卷(1964—1968)	2014—11	28.00	378
IMO 50年.第3卷(1969—1973)	2014—09	28.00	379
IMO 50年.第4卷(1974—1978)	2016—04	38.00	380
IMO 50年.第5卷(1979—1984)	2015—04	38.00	381
IMO 50年.第6卷(1985—1989)	2015—04	58.00	382
IMO 50年.第7卷(1990—1994)	2016—01	48.00	383
IMO 50年.第8卷(1995—1999)	2016—06	38.00	384
IMO 50年.第9卷(2000—2004)	2015—04	58.00	385
IMO 50年.第10卷(2005—2009)	2016—01	48.00	386
IMO 50年.第11卷(2010—2015)	2017—03	48.00	646

刘培杰数学工作室
已出版(即将出版)图书目录——初等数学

书　名	出版时间	定　价	编号
方程(第2版)	2017—04	38.00	624
三角函数(第2版)	2017—04	38.00	626
向量(第2版)	即将出版		627
立体几何(第2版)	2016—04	38.00	629
直线与圆(第2版)	2016—11	38.00	631
圆锥曲线(第2版)	2016—09	48.00	632
极限与导数(第2版)	2016—04	38.00	635
历届美国大学生数学竞赛试题集.第一卷(1938—1949)	2015—01	28.00	397
历届美国大学生数学竞赛试题集.第二卷(1950—1959)	2015—01	28.00	398
历届美国大学生数学竞赛试题集.第三卷(1960—1969)	2015—01	28.00	399
历届美国大学生数学竞赛试题集.第四卷(1970—1979)	2015—01	18.00	400
历届美国大学生数学竞赛试题集.第五卷(1980—1989)	2015—01	28.00	401
历届美国大学生数学竞赛试题集.第六卷(1990—1999)	2015—01	28.00	402
历届美国大学生数学竞赛试题集.第七卷(2000—2009)	2015—08	18.00	403
历届美国大学生数学竞赛试题集.第八卷(2010—2012)	2015—01	18.00	404
新课标高考数学创新题解题诀窍:总论	2014—09	28.00	372
新课标高考数学创新题解题诀窍:必修1～5分册	2014—08	38.00	373
新课标高考数学创新题解题诀窍:选修2-1,2-2,1-1,1-2分册	2014—09	38.00	374
新课标高考数学创新题解题诀窍:选修2-3,4-4,4-5分册	2014—09	18.00	375
全国重点大学自主招生英文数学试题全攻略:词汇卷	2015—07	48.00	410
全国重点大学自主招生英文数学试题全攻略:概念卷	2015—01	28.00	411
全国重点大学自主招生英文数学试题全攻略:文章选读卷(上)	2016—09	38.00	412
全国重点大学自主招生英文数学试题全攻略:文章选读卷(下)	2017—01	58.00	413
全国重点大学自主招生英文数学试题全攻略:试题卷	2015—07	38.00	414
全国重点大学自主招生英文数学试题全攻略:名著欣赏卷	2017—03	48.00	415
劳埃德数学趣题大全.题目卷.1:英文	2016—01	18.00	516
劳埃德数学趣题大全.题目卷.2:英文	2016—01	18.00	517
劳埃德数学趣题大全.题目卷.3:英文	2016—01	18.00	518
劳埃德数学趣题大全.题目卷.4:英文	2016—01	18.00	519
劳埃德数学趣题大全.题目卷.5:英文	2016—01	18.00	520
劳埃德数学趣题大全.答案卷:英文	2016—01	18.00	521
李成章教练奥数笔记.第1卷	2016—01	48.00	522
李成章教练奥数笔记.第2卷	2016—01	48.00	523
李成章教练奥数笔记.第3卷	2016—01	38.00	524
李成章教练奥数笔记.第4卷	2016—01	38.00	525
李成章教练奥数笔记.第5卷	2016—01	38.00	526
李成章教练奥数笔记.第6卷	2016—01	38.00	527
李成章教练奥数笔记.第7卷	2016—01	38.00	528
李成章教练奥数笔记.第8卷	2016—01	48.00	529
李成章教练奥数笔记.第9卷	2016—01	28.00	530

刘培杰数学工作室
已出版(即将出版)图书目录——初等数学

书　名	出版时间	定价	编号
第19~23届"希望杯"全国数学邀请赛试题审题要津详细评注(初一版)	2014—03	28.00	333
第19~23届"希望杯"全国数学邀请赛试题审题要津详细评注(初二、初三版)	2014—03	38.00	334
第19~23届"希望杯"全国数学邀请赛试题审题要津详细评注(高一版)	2014—03	28.00	335
第19~23届"希望杯"全国数学邀请赛试题审题要津详细评注(高二版)	2014—03	38.00	336
第19~25届"希望杯"全国数学邀请赛试题审题要津详细评注(初一版)	2015—01	38.00	416
第19~25届"希望杯"全国数学邀请赛试题审题要津详细评注(初二、初三版)	2015—01	58.00	417
第19~25届"希望杯"全国数学邀请赛试题审题要津详细评注(高一版)	2015—01	48.00	418
第19~25届"希望杯"全国数学邀请赛试题审题要津详细评注(高二版)	2015—01	48.00	419
物理奥林匹克竞赛大题典——力学卷	2014—11	48.00	405
物理奥林匹克竞赛大题典——热学卷	2014—04	28.00	339
物理奥林匹克竞赛大题典——电磁学卷	2015—07	48.00	406
物理奥林匹克竞赛大题典——光学与近代物理卷	2014—06	28.00	345
历届中国东南地区数学奥林匹克试题集(2004~2012)	2014—06	18.00	346
历届中国西部地区数学奥林匹克试题集(2001~2012)	2014—07	18.00	347
历届中国女子数学奥林匹克试题集(2002~2012)	2014—08	18.00	348
数学奥林匹克在中国	2014—06	98.00	344
数学奥林匹克问题集	2014—01	38.00	267
数学奥林匹克不等式散论	2010—06	38.00	124
数学奥林匹克不等式欣赏	2011—09	38.00	138
数学奥林匹克超级题库(初中卷上)	2010—01	58.00	66
数学奥林匹克不等式证明方法和技巧(上、下)	2011—08	158.00	134,135
他们学什么:原民主德国中学数学课本	2016—09	38.00	658
他们学什么:英国中学数学课本	2016—09	38.00	659
他们学什么:法国中学数学课本.1	2016—09	38.00	660
他们学什么:法国中学数学课本.2	2016—09	28.00	661
他们学什么:法国中学数学课本.3	2016—09	38.00	662
他们学什么:苏联中学数学课本	2016—09	28.00	679
高中数学题典——集合与简易逻·函数	2016—07	48.00	647
高中数学题典——导数	2016—07	48.00	648
高中数学题典——三角函数·平面向量	2016—07	48.00	649
高中数学题典——数列	2016—07	58.00	650
高中数学题典——不等式·推理与证明	2016—07	38.00	651
高中数学题典——立体几何	2016—07	48.00	652
高中数学题典——平面解析几何	2016—07	78.00	653
高中数学题典——计数原理·统计·概率·复数	2016—07	48.00	654
高中数学题典——算法·平面几何·初等数论·组合数学·其他	2016—07	68.00	655

刘培杰数学工作室
已出版（即将出版）图书目录——初等数学

书 名	出版时间	定 价	编号
台湾地区奥林匹克数学竞赛试题.小学一年级	2017—03	38.00	722
台湾地区奥林匹克数学竞赛试题.小学二年级	2017—03	38.00	723
台湾地区奥林匹克数学竞赛试题.小学三年级	2017—03	38.00	724
台湾地区奥林匹克数学竞赛试题.小学四年级	2017—03	38.00	725
台湾地区奥林匹克数学竞赛试题.小学五年级	2017—03	38.00	726
台湾地区奥林匹克数学竞赛试题.小学六年级	2017—03	38.00	727
台湾地区奥林匹克数学竞赛试题.初中一年级	2017—03	38.00	728
台湾地区奥林匹克数学竞赛试题.初中二年级	2017—03	38.00	729
台湾地区奥林匹克数学竞赛试题.初中三年级	2017—03	28.00	730
不等式证题法	2017—04	28.00	747
平面几何培优教程	即将出版		748
奥数鼎级培优教程.高一分册	即将出版		749
奥数鼎级培优教程.高二分册	即将出版		750
高中数学竞赛冲刺宝典	即将出版		751
初中尖子生数学超级题典.实数	2017—07	58.00	792
初中尖子生数学超级题典.式、方程与不等式	2017—08	58.00	793
初中尖子生数学超级题典.圆、面积	2017—08	38.00	794
初中尖子生数学超级题典.函数、逻辑推理	2017—08	48.00	795
初中尖子生数学超级题典.角、线段、三角形与多边形	2017—07	58.00	796
数学王子——高斯	2018—01	48.00	858
坎坷奇星——阿贝尔	2018—01	48.00	859
闪烁奇星——伽罗瓦	2018—01	58.00	860
无穷统帅——康托尔	2018—01	48.00	861
科学公主——柯瓦列夫斯卡娅	2018—01	48.00	862
抽象代数之母——埃米·诺特	2018—01	48.00	863
电脑先驱——图灵	2018—01	58.00	864
昔日神童——维纳	2018—01	48.00	865
数坛怪侠——爱尔特希	2018—01	68.00	866

联系地址：哈尔滨市南岗区复华四道街10号　哈尔滨工业大学出版社刘培杰数学工作室
网　　址：http://lpj.hit.edu.cn/
邮　　编：150006
联系电话：0451—86281378　　13904613167
E-mail:lpj1378@163.com